钩出超可爱换装娃娃

〔日〕奈留音 ◆著 何凝一 ◆译

南海出版公司
2020·

2

CONTENTS

 材料提供
日本和麻纳卡股份公司
日本和麻纳卡中国官网：www.hamanaka.com.cn

 日本工作人员
摄影：福本旭
封面设计：根本绫子
模特：Kokone Atae
执行：镝木香绪里
编辑：宫崎珠美（OfficeForet）
　　　山口裕子、守真树（日本 Recipea 株式会社）

前言

我创作的第一本书中有三个女孩登场，她们分别是艾米、米姆和慕斯。那本书中介绍了很多换装玩偶的服饰，引起了读者的热烈反响，让我不甚欣喜。

本书是我创作的第二本关于换装玩偶的书，登场的玩偶除了艾米和米姆之外，还有新来的男孩慕斯亚。

女孩玩偶、男孩玩偶都是孩子们爱不释手的玩具。

给三个玩偶制作漂亮的小衣服，享受换装带来的乐趣，或者用他们装饰房间、带他们外出拍照……男孩玩偶加入后，换装游戏也变得更加有趣了。

这次赶稿虽然有点辛苦，但设计服饰、思考发型、钩织成品的过程让我感到非常快乐，所以每分每秒都过得相当充实。

如果各位读者的生活中也能有玩偶陪伴，我将开心至极。

奈留音

作者简介

奈留音（Naruto）
受母亲的影响，自小对手工产生了浓厚的兴趣。2000 年左右，在朋友的劝说下接触玩偶。2003 年开始设计制作原创玩偶。除了制作代售点、邮购公司的玩偶外，还参与过许多手工活动，同时还为商家设计形象、构思玩偶的广告，活跃于多个领域。现在以制作女孩玩偶为主。著作有《用钩针钩织可爱的换装玩偶》（日本日东书院本社）。
个人主页：
https://amimusu-amigoo.amebaownd.com/
Instagram（账号 @amigoo_naruto）：
https://www.instagram.com/amigoo_naruto/

换装玩偶
的故事

用毛线钩织的换装玩偶大家庭中迎来了新伙伴——男孩玩偶！两个女孩玩偶艾米和米姆，以及新加入的爽朗男孩"慕斯亚"。当然，给玩偶换装是必不可少的游戏，跟玩偶一起过家家也非常有趣。从下一页开始将会为大家详细地介绍这些玩偶。

艾米

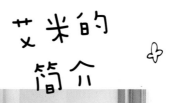

艾米的
简介

沉稳的巧克力色头发，加上可爱的齐刘海儿，
这是艾米的独特标志。她做事认真，像姐姐一
样值得信赖。而且非常擅长把一头长发打造成
波浪卷、麻花辫等各式各样的造型！艾米每次
出门前都会精心打扮自己。

不同造型的素体

< 基本玩偶 >

| 直发 × 光脚 | 双马尾 × 光脚 | 低双马尾 × 黑袜子 | 波浪卷 × 光脚 | 麻花辫 × 白色打底裤 |

穿好连衣裙，
再系上围裙……

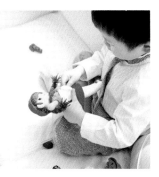

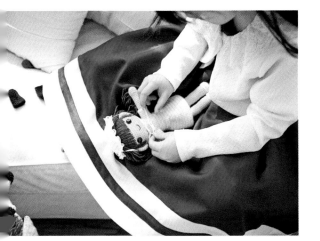

大家都排好队哦！

米姆

米姆的
简介

米姆拥有一头亮丽的砖红色长发，偏分式刘海儿是亮点哦！她最喜欢穿洋装，对流行时尚相当敏感。与艾米外出购物也是她的一大爱好。除了直发造型，还喜欢变换波浪卷、双马尾等多款发型。

不同造型的素体

直发 × 光脚　　双马尾 × 光脚　　波浪卷 × 光脚

帽子的丝带系在脸下方。

蓝色的连衣裙搭配贝雷帽
也很可爱呀!

慕斯亚

慕斯亚的
简介

时尚男孩慕斯亚有一头清爽的奶咖色短发。他
擅长各种运动,性格开朗活泼,很快就与艾米
和米姆成了好朋友。不管是休闲装还是正装,
任何服饰对他这样的潮人来说都能被轻松驾驭。

不同造型的素体

光脚　　　　白袜子

给他搭配一身帅气的
衣服吧！

今天要和谁
一起玩呢？

玩偶的衣橱

下面为大家介绍玩偶们喜欢的服饰！

无论是给玩偶换衣服，

还是搭配不同的鞋子、手提包，

都会让换装充满乐趣，

瞬间拓宽了时尚的定义。

大家喜欢什么样的搭配呢？

NOTE

艾米、米姆、慕斯亚的素体（玩偶的身体部分）织法基本相同，从 p34 开始，参照制作方法动手试试看吧！除了艾米（直发）之外，其他发型以及慕斯亚脸部的制作方法参照 p42～43 的"重点建议"，或者 p85 的"各种发型的制作"。

基本玩偶

此作品是本书中登场的所有玩偶的基础。素体（玩偶的身体部分）的织法从 p34 开始、连衣裙的织法从 p44 开始，均附有详细的照片解说。先从基本玩偶和她身上穿的连衣裙开始，学习如何钩织换装玩偶吧！

01

艾米
（直发 × 光脚）

想要打扮得帅气一点，就选背带裤和
贝雷帽吧！注意单肩挎包和鞋的颜色
要保持一致哦。

搭配的单品→ A+B+C+E+F

02

A

贝雷帽

B

高领毛衣

C

背带裤

艾米的
套装

D

单肩挎包

G

鞋

E

鞋

F

单肩挎包

H

条纹手提包

▶◀ 钩织方法
A ～ H → p49
I ～ Q → p53

I
毛衣

J
连衣裙

K
无袖连衣裙

M
绒球手提包

N
篮形手提包

L
靴子

O
绒球鞋

P
靴子

Q
鞋

米姆的套装

03

白色毛衣与无袖连衣裙打造出活力四射的外出造型。非常适合搭配带蕾丝的篮形手提包哦。

搭配的单品→I\J\K\N\P

15

慕斯亚
的套装

04

A

连帽风衣

B

裤子

C

裤子

毛茸茸的连帽风衣是寒冬必备品！与同色系的裤子打造出冬日最时尚的造型。

搭配的单品→ A+B+F

E

鞋

F

鞋

D

毛衣

▶ 钩织方法
A ~ K → p55

G

毛衣

H

毛衣

I

背带裤

J

裤子

条纹毛衣搭配背带裤是最时尚的穿搭法。外出时挎上单肩挎包，彰显不俗的品味！

搭配的单品→H+I+K

05

K

鞋

NOTE

艾米、米姆、慕斯亚三人的素体都是用同样的方法制作的，因此服饰的尺寸也是一样的。稍加改变慕斯亚衣服的颜色，就能制作出女孩款。将女孩用的包、鞋给慕斯亚穿戴，也别有一番趣味呢。

玩偶的服装造型

圣诞玩偶

艾米要去慕斯亚家参加圣诞派对啦！参加派对的人都把圣诞元素融入到服装穿搭中了。艾米还买了礼物呢，万事俱备！

单品&搭配

艾米
（低双马尾 × 黑袜子）
素体→p34
发型→p85

+

连帽斗篷
p58

连衣裙
p58

靴子
p58

麋鹿玩偶

大家差不多都到齐了吧？慕斯亚的麋鹿装肯定独一无二！邀请大家参加派对，作为主人一定不能怠慢哦。

07

单品&搭配

慕斯亚
（光脚）

素体→p34
发型→p85

+

帽子
p60

毛衣
p60

裤子
p60

鞋
p60

爱丽丝玩偶

一直想尝试《爱丽丝漫游仙境》里的服饰。荷叶边
围裙和黑色蝴蝶结发饰都非常漂亮。

08

单品&搭配

米姆
（波浪卷×光脚）
素体→p34
发型→p85

＋

连衣裙
p62

围裙
p62

鞋
p62

发饰
p62

小红帽玩偶

用黄绿色与红色连衣裙再现小红帽的可爱造型！
小红帽的短袖连衣裙配上麻花辫再合适不过了。

09

单品&搭配

艾米
（麻花辫 × 白色打底裤）
素体→ p34
发型→ p85

+

连衣裙
p64

兜帽
p64

围裙
p64

鞋
p64

10

天使玩偶

身着轻柔的连衣裙，头顶神圣的光环，满脸笑容的可爱天使登场啦！

背上还有大大的翅膀哦！

单品&搭配

米姆
（波浪卷 × 光脚）
素体→ p34
发型→ p85

＋

连衣裙
p66

光环
p66

黑色的犄角和尖尖
的尾巴是关键哦!

11

恶魔玩偶

恶魔虽然喜欢恶作剧,有时还
会故意跟人唱反调,但其实很
容易感到寂寞。加入红色荷叶
边的连衣裙非常可爱。

单品&搭配

米姆
(双马尾 × 光脚)

素体→p34
发型→p85

连衣裙
p68

发箍
p68

靴子
p68

洛丽塔玩偶

层层叠叠的连衣裙搭配大量纯
白色蝴蝶结，宛如公主一样的
洛丽塔造型，是女孩们永远的
憧憬。

蕾丝边发饰同样
是我的最爱。

单品&搭配

艾米
（双马尾 × 光脚）
素体→p34
发型→p85

连衣裙
p70

披肩
p70

发饰
p70

靴子
p70

戴上礼帽，大大提升时尚度哦！

13

哥 特 玩 偶

深沉的黑色半袖连衣裙，点缀蝴蝶结和蕾丝边，这就是我最喜欢的哥特风。

单品&搭配

米姆
（直发 × 光脚）
素体→p34
发型→p85

＋

连衣裙
p72

迷你帽子
p72

靴子
p72

穿男生校服的玩偶

在学校，男生和女生都要穿校服。男生是藏蓝色上衣搭配灰色裤子，红色领带相当亮眼！

14

单品&搭配

慕斯亚
（白袜子）
素体→ p34
发型→ p85

衬衫
p74

休闲西装
p74

裤子
p74

皮鞋
p74

穿女生校服的玩偶

今年要参加学生会秘书长的竞选，会有什么样的精彩校园生活在等着艾米呢？连衣裙设计成衬衫和短裙拼接的样式，茶色皮鞋搭配黑袜子也是艾米喜欢的造型之一。

15

单品&搭配

艾米
（低双马尾×黑袜子）

素体→p34
发型→p85

连衣裙
p75

休闲西装
p75

皮鞋
p75

27

泳装男孩玩偶

今年夏天慕斯亚一直在海边打工。穿好带白条纹的红色泳裤，套好救生圈，已做好随时入海的准备啦！

16

单品&搭配

慕斯亚
（光脚）
素体→ p34
发型→ p85

泳裤
p77

救生圈
p77

泳装女孩玩偶

穿上最爱的粉色泳衣，今年又来海边啦！最满意的就是这件泳装的露背设计。入海之前要好好做准备活动哦。

17

单品＆搭配

米姆
（双马尾 × 光脚）
素体→p34
发型→p85

＋

泳装（上）
p78

泳装（下）
p78

护士玩偶

粉色的护士服和护士帽最能表现出护士的亲切形象。
忙着给病人测量体温、注射药物、检查病历……今天
也在兢兢业业地工作呢!

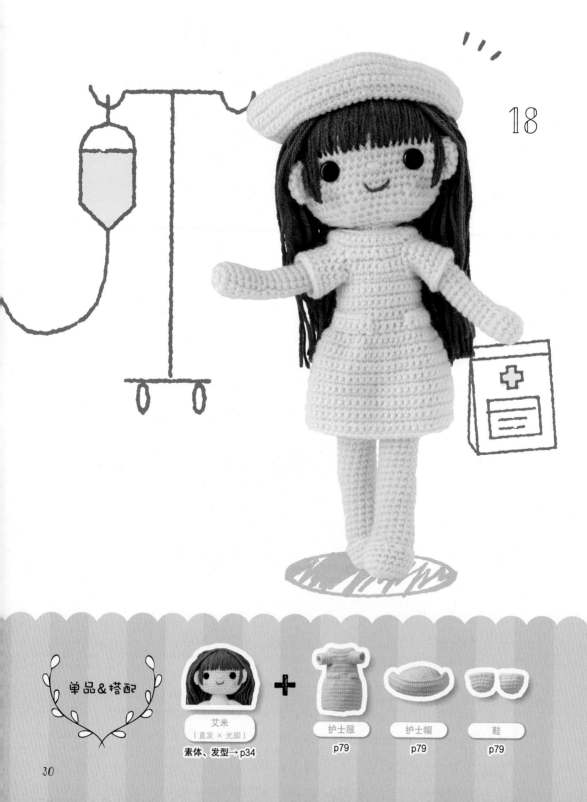

18

单品&搭配

艾米
（直发 × 光脚）
素体、发型→p34

护士服
p79

护士帽
p79

鞋
p79

医生玩偶

任何疑难杂症都难不倒的优秀医生，整洁的白
大褂和蓝色领带，看起来很适合他！今天也是
忙碌的一天，医院里到处都是他的身影！

19

慕斯亚
（白袜子）

素体→p34
发型→p85

衬衫
p82

白大褂
p82

裤子
p82

鞋
p82

婚礼玩偶

盛大的结婚典礼怎能少了美轮美奂的婚纱？
一身灰色礼服搭配纯白色婚纱，他们一定是
最幸福的新郎和新娘！

20

21

将头纱轻轻地盖在女孩的头发上……

背面看也非常般配哦!

单品&搭配

翡斯亚
【白衬衫】
素体→p34
发型→p85

衬衫
p83

礼服
p83

裤子
p83

鞋
p83

尤尚
【波浪卷、光脚】
素体→p34
发型→p85

婚纱
p84

头纱
p84

鞋
p84

01 一起来制作基本玩偶（素体）

▶▶ 照片：p13

以"艾米（直发×光脚）"为例进行说明

▶ 材料

【毛线】和麻纳卡 Piccolo #45（肤色）25g、#1（白色）1g、#17（焦茶色）12g【其他】宽3mm的缎纹丝带（颜色自选）10cm，直径10mm的大理石纹纽扣眼睛2颗，#25刺绣线（红色）适量，胭脂，填充棉15g

将制作艾米头发用的#17（焦茶色）毛线换成等量的#29（红茶色）或#21（土黄色）毛线，即可做出米姆或者慕斯亚的头发。

▶ 用具

钩针4/0号
缝纫针
手缝针
棉棒
手工用胶水
剪刀
筷子之类的棒状物

▶ 成品尺寸

23cm

▶ 钩织方法

1 用圆环起针的方法织入起针，然后钩织头部、躯干、胳膊、腿和耳朵。
2 除耳朵以外的部分均塞入棉花。
3 完善脸部。用直线绣在脸部的适当位置绣出鼻子，缝上纽扣眼睛，用链式绣在适当位置绣出嘴巴。
4 收紧头部的钩织终点处。
5 先缝合耳朵与头部，再缝合头部与躯干。
6 将胳膊、腿、蝴蝶结分别缝在躯干的适当位置上。
7 在头部植入头发。
8 用棉棒将腮红涂在脸颊处。

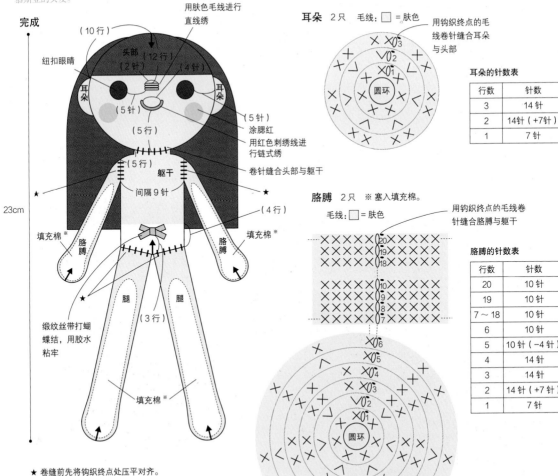

耳朵的针数表

行数	针数
3	14 针
2	14 针（+7针）
1	7 针

胳膊的针数表

行数	针数
20	10 针
19	10 针
7～18	10 针
6	10 针
5	10 针（-4针）
4	14 针
3	14 针
2	14 针（+7针）
1	7 针

★卷缝前先将钩织终点处压平对齐。
※ 胳膊、腿中塞入80%的填充棉。
※ 头部、躯干塞满填充棉。

头部 1个　※塞入填充棉。　毛线：☐ = 肤色

收紧钩织终点处的毛线

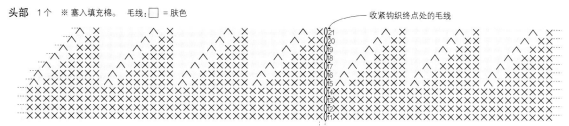

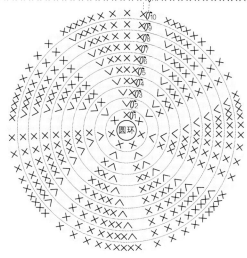

头部的针数表

行数	针数
21	14 针（−7 针）
20	21 针（−7 针）
19	28 针（−7 针）
18	35 针（−7 针）
17	42 针（−7 针）
16	49 针（−7 针）
15	56 针（−7 针）
10 ～ 14	63 针
9	63 针（+7 针）
8	56 针（+7 针）
7	49 针（+7 针）
6	42 针（+7 针）
5	35 针（+7 针）
4	28 针（+7 针）
3	21 针（+7 针）
2	14 针（+7 针）
1	7 针

◁ = 接入线
◀ = 剪断线
◯ = 锁针
● = 引拔针
✕ = 短针
∨ = 短针 1 针分 2 针
∧ = 短针 2 针并 1 针

腿的针数表

行数	针数
7 ～ 34	14 针
6	14 针（−2 针）
5	16 针
4	16 针
3	16 针
2	16 针（+8 针）
1	8 针

躯干 1个　※塞入填充棉。

毛线：☐ = 白色　☐ = 肤色

用钩织终点的毛线卷针缝合躯干与头部

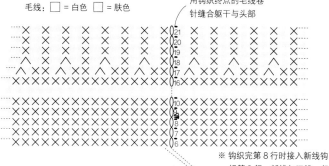

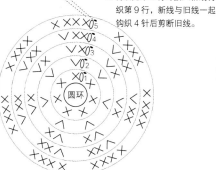

躯干的针数表

行数	针数
19 ～ 21	14 针
18	14 针（−7 针）
17	21 针（−7 针）
9 ～ 16	28 针
5 ～ 8	28 针
4	28 针（+7 针）
3	21 针（+7 针）
2	14 针（+7 针）
1	7 针

腿 2只　※塞入填充棉。

毛线：☐ = 肤色

用钩织终点的毛线卷针缝合腿与躯干

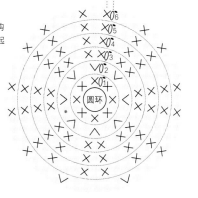

※钩织完第 8 行时接入新线钩织第 9 行，新线与旧线一起钩织 4 针后剪断旧线。

制作头部　◎起针（用线头制作双圆环的方法）

取肤色毛线开始钩织。先将线挂在左手的食指上，然后在中指上缠2圈，形成圆环。

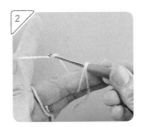

钩针插入2个圆环中，挂线后从内侧抽出。

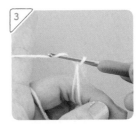

再次针上挂线，抽出。

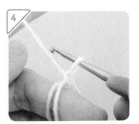

钩织完1针起立针后如上图所示。

◎短针

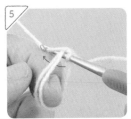

按箭头所示，将钩针插入圆环中，挂线后抽出。

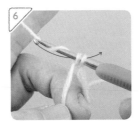

再次将钩针插入圆环中，按照箭头所示挂线后抽出。

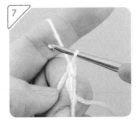

钩织完1针短针后如上图所示。

重复步骤5和6，织入6针短针。第1行共织入7针短针。

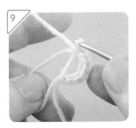

拉动较短的线头，缩短双圆环其中1根线。抽出缩小的那个圆环的线头，使另一个圆环也缩小。这样一来，整体就都变小了。

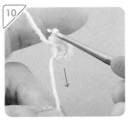

再拉紧较短的线头，调整圆环。

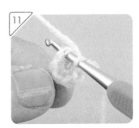

将钩针插入第1针短针的头针中。

挂线后抽出。第1行钩织完成。

◎短针1针分2针

钩织第2行。织入1针起立针。

在上一行第1针的头针中插入钩针，钩织短针。

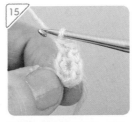

再在同一针脚中插入钩针，钩织短针。短针1针分2针钩织完成。

用同样的方法，将上一行短针的头针挑起后织入短针1针分2针。

钩织 14 针短针，将钩针插入第 1 针短针中，挂线后抽出。第 2 行钩织完成。

钩织第 3 行。织入 1 针起立针。

钩针插入上一行的第 1 针中，织入 1 针短针。再在下面的针脚中织入短针 1 针分 2 针。

重复钩织短针和短针 1 针分 2 针，共织入 21 针。

钩针插入第 1 针短针中，挂线后抽出。第 3 行钩织完成。

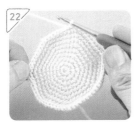

第 4 行以后均参照钩织图，重复钩织短针和短针 1 针分 2 针，直至第 9 行。

第 10 行至第 14 行无加减针钩织。

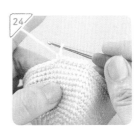

钩织第 15 行。织入 1 针起立针，接着再钩织 7 针短针。

◎短针2针并1针

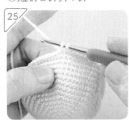

钩针插入上一行短针的头针中，挂线后抽出。

再将钩针插入下一针的头针中，挂线后一次性从针上的 3 个线圈中抽出。

短针 2 针并 1 针完成后如上图所示。

重复 6 次短针 7 针 + 短针 2 针并 1 针，共织入 56 针。最后织入 1 针引拔针，第 15 行完成后如上图所示。

∽✲ 制作躯干 ✲∽

第 16 行以后均参照钩织图，重复钩织短针和短针 2 针并 1 针，直至第 21 行。头部钩织完成（图片为钩织起点朝上的状态）。

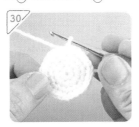

取白色毛线开始钩织。按照"用线头制作双圆环的方法"起针，然后参照钩织图，用加针的方法钩织至第 4 行。

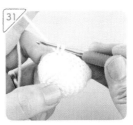

第 5 行至第 8 行无加减针钩织。第 8 行的最后 1 针钩织完成后如上图所示。

◎换线

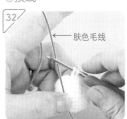

← 肤色毛线

短针钩织至最后抽出线时，将毛线换成第 9 行开始使用的肤色毛线，然后抽出（上图为换线的过程）。

钩针插入第 1 针短针中，抽出。
第 8 行钩织完成后如上图所示。

钩织第 9 行。此时，将换线后剩
余的白色线和新接入的肤色线合
在一起钩织，差不多织入 4 针后
再剪断白色线。

第 9～16 行无加减针钩织。钩织
完第 16 行后如上图所示。

第 17 行和第 18 行用减针的方法
进行钩织，第 19～21 行则继续
无加减针钩织。躯干钩织完成。

制作胳膊、腿、耳朵　　制作塞入填充棉　　制作脸部的细节

◎直线绣

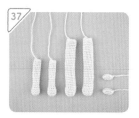

按照 "用线头制作双圆环的方法"
起针，然后参照钩织图钩织胳膊、
腿、耳朵，各钩织 2 块。分别留
出 30cm 左右的线头。

除耳朵以外，其他部分均塞入填
充棉。头部和躯干塞满填充棉。
头部横向稍微拉长，调整成椭圆
形，脸部压扁一些。

胳膊和腿不用塞满填充棉，塞入
80% 即可。太细的部分可以用棒
状物辅助，脚部的顶端稍微压扁
一些，看起来更像脚尖。

用直线绣针法绣出鼻子。将肤色
毛线穿入缝纫针中，将 1 根线头
打结，从头部下方入针，再从头
部钩织起点下方 12 行、中央往右
偏 1 针的位置出针。

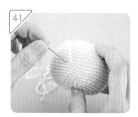

然后在向左 2 针的位置入针。

重复 5～6 次步骤 40 和 41，鼻
子就绣好了。剩余的线留在针上
备用。

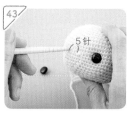

缝眼睛。先用棒状物或锥子在距
离鼻子边缘 5 针的平行位置扎孔。

利用绣鼻子时剩下的毛线，从刚
扎好的小孔中出针。穿好纽扣眼
睛，将针穿入头部。

从头部后方抽出针，稍微用力拉
紧线，将眼睛嵌入脸部。

在头部后方将线打结，剪断线。

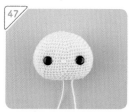

眼睛缝好了。

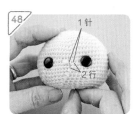

缝嘴巴。将刺绣线穿入手缝针中，
将 1 根线头打结，从头部下方入
针，然后从距离鼻子边缘右侧 1
针、向下 2 行的位置出针。

◎链式绣

49 用链式绣针法刺绣。头部转90°拿好，将手缝针从步骤48穿出的位置穿入，然后从左侧斜上方穿出。按照图片所示，将刺绣线绕成圆圈，压在针的下面。

50 拉紧线后如上图所示。

51 再将针穿入绣好的圆圈中。

52 从左侧斜上方穿出针，再将刺绣线绕成圆圈，压在针的下面。

❀ 缝合各部分 ❀

◎收紧

53 拉紧线，完成2针链式绣后如上图所示。

54 重复步骤51和52，绣出半圆形针迹（可以用铅笔或画粉片先画出嘴巴的形状，然后沿着线条刺绣）。嘴巴缝好了。

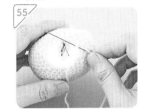
55 收紧头部的钩织终点处。剪断刺绣鼻子时所用的线，头部剩余的毛线穿入缝纫针中，然后在头部的钩织终点处挑针，注意是将针脚的外侧、内侧半针交替挑起。

56 穿好一圈后拉紧线，使开口处缩小，将线打结后剪断。

◎缝合

57 缝合耳朵。将钩织耳朵时剩余的毛线穿入缝纫针中，先找到头部钩织起点往下10行、与眼睛顶端横向间隔5针的位置，将耳朵上方置于此处，对折耳朵，用卷针缝合耳朵下方与头部。

58 继续用卷针缝合耳朵背面与头部。横向挑起耳朵的半针和旁边头部的针脚，渡线缝合。

59 缝至耳朵背面最上方时，转一下头的朝向，继续缝合耳朵正面。

60 另一只耳朵也用同样的方法缝合。耳朵缝好后如上图所示。

61 缝合躯干与头部。将钩织躯干时剩余的毛线穿入缝纫针中，再挑起躯干钩织终点处与头部钩织终点处的针脚，缝一圈。

62 头部与躯干缝好后如上图所示。

63 缝合胳膊。将钩织胳膊时剩余的毛线穿入缝纫针中，在躯干钩织终点下数5行处缝胳膊，左右胳膊之间间隔9针。

64 缝好一侧后转一下躯干的朝向，再继续缝另一侧。

胳膊与躯干缝好后如上图所示。

缝合腿。将钩织腿时剩余的毛线穿入缝纫针中,以躯干钩织起点为中心,左右两侧各缝一条腿。

腿与躯干缝好后如上图所示。

将缎纹丝带打结,用胶水粘到躯干白色部分的上端。

❧ 植发 ❧

此处以"艾米(直发)"的植发方法为例进行说明。其他发型的制作方法参见 p85 的"各种发型的制作"和 p42 的"重点建议"。

准备好头发用的毛线。将焦茶色毛线剪成 40cm 长,准备 130 ~ 150 根。

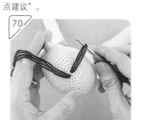

植入发旋。取 2 根步骤 69 剪好的毛线,对折。将钩针插入头部的第 1 行,按照拼接流苏的要领,将对折后形成的线圈挂到针上,然后从针脚中拉出毛线。

将挂在针上的 4 根毛线从线圈中抽出,收紧后如上图所示。

重复步骤 70 和 71,在头部第 1 行的 7 个针脚中都接入线。完成后的发旋如上图所示。

植入前面的头发。2 根毛线为 1 组,沿发旋到耳朵的方向,在 10 个针脚中接入毛线。

另一侧也用同样的方法植发,在 10 个针脚中接入毛线。前面的头发植好后如上图所示。

植入后面的头发。紧接着植入前面头发的位置,将后面一行的针脚挑起,2 根毛线为 1 组,沿发旋到耳朵的方向,在 10 个针脚中接入毛线。

另一侧也用同样的方法植发。后面的头发植好后如上图所示。

紧接着植入后面头发的位置,在之后的一行针脚中追加植发。2 根毛线为 1 组,在发旋的左右各 6 个针脚中接入毛线。

缝好前面的头发。在头发中央取 1 根线,穿入缝纫针中,然后将缝纫针插入眼睛往上 1 行的位置。

毛线穿过头部。

从头部后方穿出线,取下针。

40

81 重复步骤 78～80，留出 1 束头发（大约 4 根毛线），从中央往右依次缝，使前面的头发垂直贴在头部。此时，如果想要鬓角的头发更多一些，可以留出 2 束植好的头发。

82 最后 1 束头发的长度大约与耳朵的中间位置齐平。

83 另一侧的头发也用同样的方法缝好。前面的头发完成。

84 从发旋处分出 1 束毛线穿入针中，缝到耳朵背面。可以从与耳朵下方齐平的位置或者往下 1 行的位置穿出针。

85 剪刀贴着头部后方的头皮，将前面头发多余的毛线都剪掉。

86 掀起后面的头发，在头部后方均匀地涂上胶水。

87 后面的头发按照拼接时的顺序，逐束拉直，粘在头部后方。

88 用手指轻轻地将头发散开压平，遮住头皮，使其粘得更紧。头部后方全部粘满头发后，把剩余的头发放下来。

❧ 完成 ❧

89 修剪后面的头发。在距离头顶大约 13cm 处，齐腰剪短头发。如果要编麻花辫，头发可以稍微留长一点。

90 用棉棒涂腮红，让脸颊粉嫩一点。

91 基本玩偶（素体）制作完成。

▷▷▷ **本书使用的主要毛线**
（图片与实物等大）

① 和麻纳卡 Piccolo

② 和麻纳卡 Exceed Wool FL（中粗）

③ 和麻纳卡 FUUGA

④ 和麻纳卡 Luna Mole

⑤ 和麻纳卡 Lupo

所有毛线均为日本和麻纳卡股份公司的商品。详情请见 p3。

制作玩偶的重点建议

下面将介绍制作玩偶脸部和身体时需要掌握的要点。

艾米、米姆

POINT!

双马尾与其他发型不同，需要在头部后方缝1块"后面头发的配件"。植入前面的头发时，毛线需要从耳朵上穿出，这部分头发也会用来扎双马尾。以艾米的素体为基础，植入米姆的斜刘海儿之后就可以制作双马尾了，我们以此为例进行说明。

A　米姆的刘海儿、艾米和米姆的双马尾的制作方法

1 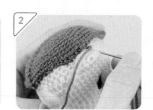	**2**

按照 p40 步骤 68 之前的方法准备好植发前的素体。参照 p87 的钩织图，制作"后面头发的配件"（此处仅用头部进行说明）。

沿顺时针方向，用"后面头发配件"钩织终点处的毛线将配件缝在头部后方。

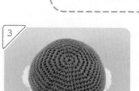

头部后方缝好后如上图所示。

参照 p40 的步骤 69～74，植入前面的头发（因为无须植入后面的头发，准备约70根毛线就可以了）。从中央大致分成两部分。

5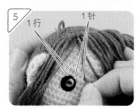

1行　1针

缝好前面的头发。先处理左半部分的毛线。左侧的毛线留出2束（大约8根），拉到左边。取1根右侧的毛线，穿入缝纫针中。在眼睛往上1行、距离眼角右侧1针的位置插入针。

6

1cm　1cm

毛线穿过头部之后取下针。穿出针的位置最好距离耳朵上方1cm、前面发际线1cm。

7

左半边的毛线均斜着缝好，从耳朵后面穿出。处理之前拉到左边的2束毛线，毛线穿入耳朵正中央，然后同样从耳朵后面穿出。

8

从穿出的毛线中取1根，在发根处绕圈打结。右侧的头发按照 p41 的步骤 81、82 缝好，从耳朵后面穿出后扎成马尾辫。
★艾米前面的头发与 p40～41 介绍的制作方法相同，左右分开后扎成双马尾即可。

B　波浪卷的制作方法

1

后面的头发左右分开，依次将两边的头发编织成紧密的麻花辫。然后用剩余的头发或皮筋将发尾绑好。

2

用蒸汽熨斗熨烫麻花辫，然后放置5～6个小时（最好放置一晚）。拆开麻花辫，调整成波浪卷。

POINT!

用蒸汽熨斗充分熨烫，放置一段时间不要用手触摸，成型后的波浪卷效果更佳。制作波浪卷后头发会稍微变短，所以修剪后面的头发时，最好留长一些。

艾米、米姆　**C**　低双马尾的制作方法

POINT!
将耳朵以下的头发平均分成左右两部分，扎好。

将后面的头发左右分开，分别在耳朵下方捏拢头发，用皮筋扎好。

艾米　**D**　麻花辫的编法

POINT!
按照 C 扎低双马尾的要领，在耳朵下方编麻花辫，扎好。

将后面的头发左右分开，分别编麻花辫，然后用皮筋将发尾绑好。

慕斯亚　**E**　眉毛的缝法

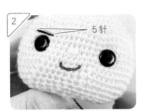

按照 p40 步骤 68 之前的方法钩织植发前的素体（此处仅以头部为例进行说明）。刺绣线（黑色）穿入手缝针中。取 6 根线打结之后从头部下方穿入针，再从右眼眼角的正上方、眼睛往上 1 行的位置穿出针。

用直线绣沿行间的线刺绣，长度为5 个针脚。

轻轻拉紧，在头部下方打结后剪断线。

POINT!
慕斯亚除了眉毛和发型外，均与基本玩偶（素体）的制作方法相同。在右眼上方绣出一条眉毛，要突显男孩子的气质。慕斯亚的头发使用Piccolo 土黄色线（#21）制作。

F　发型的制作方法

参照 p40～41 步骤 69～88 的方法植发（前面的头发与米姆相同，后面的头发植好后也用胶水粘牢）。在距离脸部轮廓下方 5mm 处，沿轮廓将后面的头发剪短。

后面的头发整体修剪出层次感。

从正面看如上图所示。

POINT!
慕斯亚前面的头发与米姆相同，因此参照 p42米姆前面的头发制作即可。实际上植发的步骤在缝合躯干和手脚之后，而此处仅用头部进行说明。

艾米　米姆、慕斯亚
（低双马尾 × 黑袜子）

艾米
（麻花辫 × 白色打底裤）

慕斯亚
（白袜子）

艾米、慕斯亚

POINT!
要牢牢掌握换色的时机哦！

G　袜子和打底裤的钩织方法

脚部从钩织起点至第 12 行用黑色线（#20）钩织，剩下的部分用肤色线钩织。

两条腿都用白色线（#1）钩织。

脚部从钩织起点至第 12 行用白色线（#1）钩织，剩下的部分用肤色线钩织。

一起来制作基本款连衣裙

▶▶ 照片: p13

▶ 材料

【毛线】和麻纳卡Piccolo #7
（橙色）20g　【其他】直径
6mm的纽扣（橙色）2颗，直
径6 mm的子母扣4颗，刺绣线
（橙色）适量

▶ 用具

钩针4/0号
缝纫针
手缝针
剪刀

▶ 成品尺寸

衣长 10cm

▶ 钩织方法

1 用锁针织入起针，按照图示方法钩织裙子下部的25行，
然后继续钩织上部。接入毛线，挑10针后织入3行。隔
5针接入毛线，挑9针后钩织3行。接着再隔5针接入毛线，
挑10针后织入3行。最后接入毛线，钩织剩余的3行。

2 在袖口处接入毛线，钩织袖子。

3 缝纽扣和子母扣。

"基本玩偶" 穿着
连衣裙的样子

[连衣裙]
完成

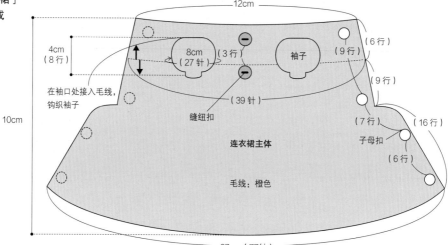

在袖口处接入毛线，
钩织袖子

缝纽扣

12cm

4cm
（8 行）

8cm
（27 针）

（3 行）

袖子

（6 行）

（9 行）

（9 行）

（39 针）

10cm

连衣裙主体

毛线：橙色

（7 行）

子母扣

（16 行）

（6 行）

27cm（77针）

袖子
毛线：橙色

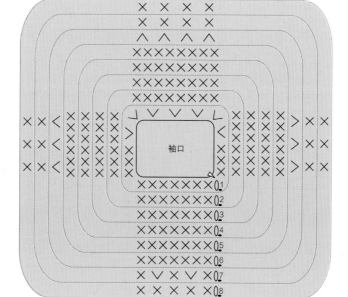

袖口

◁ = 接入线
◀ = 剪断线
○ = 锁针
● = 引拔针
× = 短针
∨ = 短针1针分2针
∧ = 短针2针并1针

主体 毛线：橙色

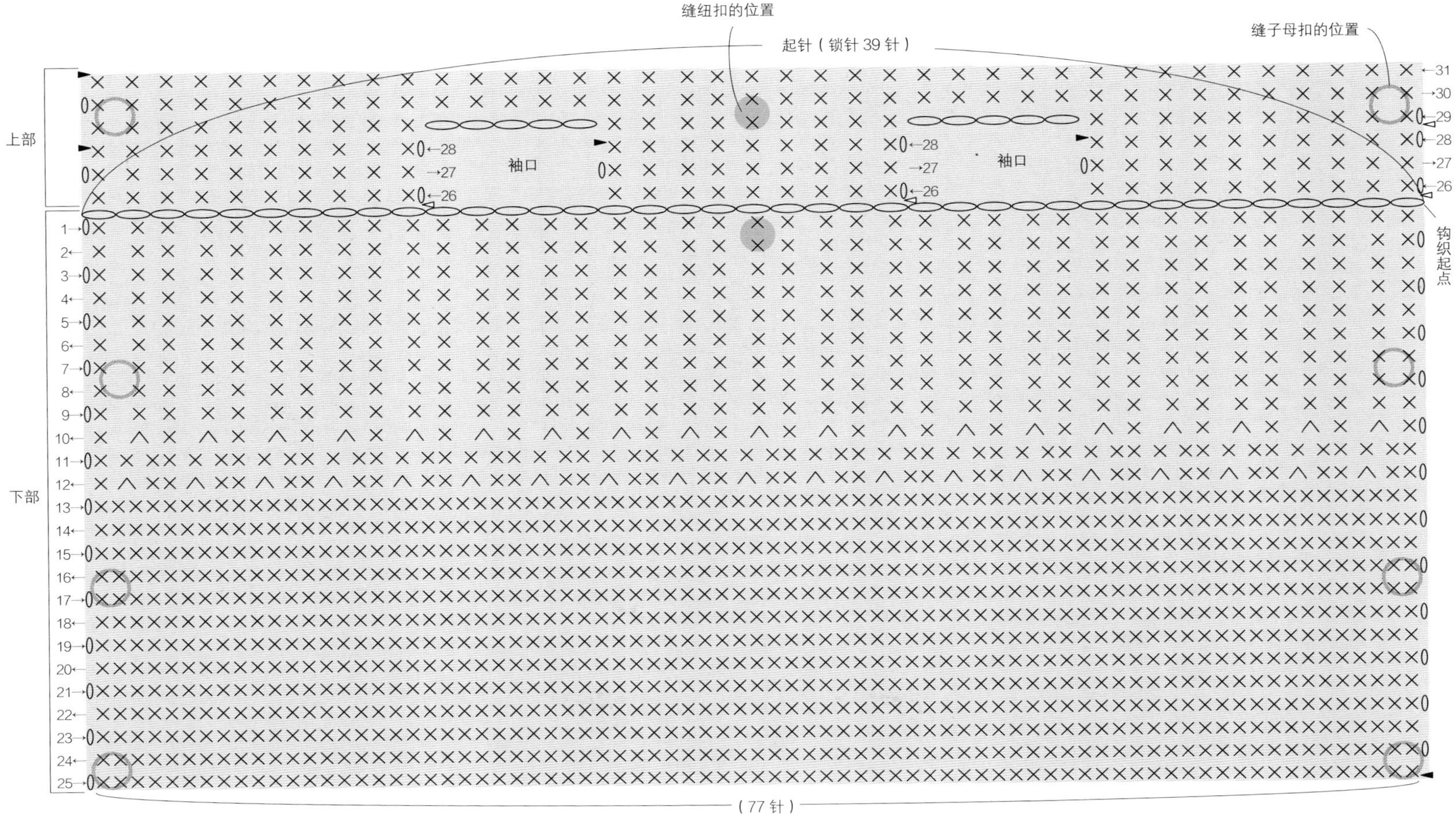

缝子母扣的位置

缝纽扣的位置

钩织起点

起针（锁针39针）

→31 →30 →29 →28 →27 →26

袖口

×0←28
×0←27
×0←26

（77针）

上部

下部

1
2
3
4
5
6
7
8
9
10
11
12
13
14
15
16
17
18
19
20
21
22
23
24
25

45

钩织起点

◎起针（锁针）

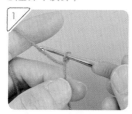

1

毛线挂在左手上，再按上图所示将毛线挂在钩针上。

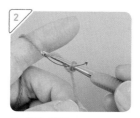

2

针上挂线，抽出。

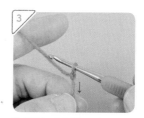

3

拉动线头，收紧线圈。

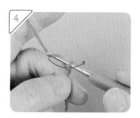

4

再在针上挂线，按照箭头所示抽出线。

制作裙身部分

5

抽出线后即完成1针锁针，如上图所示。

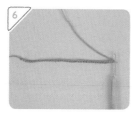

6

重复步骤4和5，织入39针锁针起针。

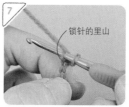

7

锁针的里山

钩织1针起立针，然后将钩针插入下一针锁针的里山（后半针）中。

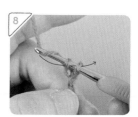

8

挂线后抽出，然后再次挂线，一次性穿过两个线圈。

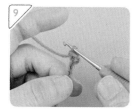

9

钩织完1针短针后如上图所示。

10

重复织入39针短针，第1行钩织完成后如上图所示。

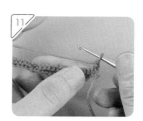

11

继续钩织1针起立针。将织片翻面（沿逆时针方向）。

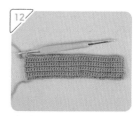

12

第2行以后要按照编织图逐行织入39针短针，钩织至第9行。

制作裙摆部分

13

钩织第10行。先织入1针起立针，再钩织1针短针。

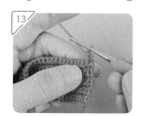

14

然后在下一个针脚中织入短针1针分2针。

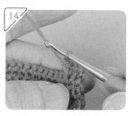

15

重复步骤13和14，共计织入58针短针。第10行钩织完成后如上图所示。

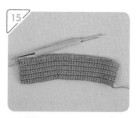

16

第11行织入58针短针，第12行按照编织图加针，第13行以后逐行织入77针短针，钩织至第25行（图片为钩织起点朝上的状态）。

钩织胸部、肩部

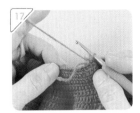
将起针的锁针内侧半针挑起，接入新毛线后抽出。

钩织1针起立针，再继续钩织10针短针。织入1针起立针之后翻转织片。

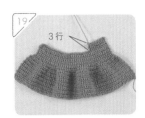
用同样的方法钩织10针短针，共计织入3行。

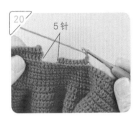
隔5针接入毛线，织入1针起立针，接着再钩织9针短针。织入1针起立针后翻转织片。

用同样的方法钩织9针短针，共计织入3行。

隔5针接入毛线，织入1针起立针，接着再钩织10针短针。织入1针起立针后翻转织片。

用同样的方法钩织10针短针，共计织入3行。第28行钩织完成后如上图所示。

第29行接入新的毛线，钩织10针短针、5针锁针、9针短针、5针锁针、10针短针。

钩织袖子

第30、31行织入39针短针。处理好线头。

在指定的位置接入毛线，按照编织图钩织袖子。

顺时针继续钩织，第1行完成后如上图所示。

两只袖子都用同样的方法钩织。

完成

刺绣线穿入手缝针中，将2颗纽扣缝到胸口处。

将4颗子母扣缝到指定的位置。

基本款连衣裙钩织完成。

给基本玩偶穿上连衣裙后如上图所示。

玩偶的背影

下面向大家介绍本书中出镜玩偶的背影。
可以作为钩织时的参考。

p14　艾米的套装
p15　米姆的套装
p16　慕斯亚的套装
p17　慕斯亚的套装
p18　圣诞玩偶

p19　麋鹿玩偶
p20　爱丽丝玩偶
p21　小红帽玩偶
p22　天使玩偶
p23　恶魔玩偶

p24　洛丽塔玩偶
p25　哥特玩偶
p26　穿男生校服的玩偶
p27　穿女生校服的玩偶
p28　泳装男孩玩偶

p29　泳装女孩玩偶
p30　护士玩偶
p31　医生玩偶
p32　婚礼玩偶（慕斯亚）
p32　婚礼玩偶（艾米）

玩偶服饰的制作方法

02 艾米的套装

▶▶ 照片：p14

▶ 材料

A【毛线】和麻纳卡 Piccolo #2（象牙白）15g

B【毛线】和麻纳卡 Piccolo #2（象牙白）11g

【其他】直径 6mm 的子母扣 3 颗，手缝线（白色）适量

C【毛线】和麻纳卡 Piccolo #36（藏蓝色）14g

【其他】直径 6mm 的子母扣 2 颗，手缝线（藏蓝色）适量

D【毛线】和麻纳卡 Piccolo #8（黄色）4g

【其他】蝴蝶结形状的纽扣 1 颗

E【毛线】和麻纳卡 Piccolo #21（土黄色）2g

F【毛线】和麻纳卡 Piccolo #21（土黄色）3g

G【毛线】和麻纳卡 Piccolo #24（绿色）2g

【其他】蜡线（黑色）40cm

H【毛线】和麻纳卡 Piccolo #1（白色）2g、#43（淡蓝色）2g

【其他】宽 5mm 的皮革绳带 7.5cm

▶ 用具

钩针 4/0 号，缝纫针，手缝针，和麻纳卡绒球制作器（直径 3.5cm）

▶ 成品尺寸

A 头围 24cm× 高 5.5cm

B 衣长 6.5cm

C 总长 14cm、肩带 8.5cm

D 纵长 3cm× 横长 5cm、绳带 18cm

E 周长 7cm× 高 2cm

F 纵长 4cm× 横长 4.5cm、绳带 18cm

G 周长 7cm× 高 2cm

H 纵长 3.5cm× 横长 6cm（除提手外）

完成

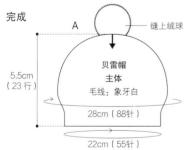

A

缝上绒球

贝雷帽
主体
毛线：象牙白

5.5cm
（23 行）

28cm（88针）

22cm（55针）

▶ 钩织方法

A【贝雷帽】

1 先用圆环起针的方法织入起针，再按照钩织图钩织。

2 用绒球制作器制作直径 3.5cm 的绒球，缝在贝雷帽的主体上。

B【高领毛衣】

1 先用锁针起针的方法织入起针，下部的 9 行按照钩织图钩织，然后钩织上部。接入毛线，挑 10 针后钩织 3 行。隔 5 针接入毛线，挑 9 针后钩织 3 行。再隔 5 针接入毛线，挑 10 针后钩织 3 行。最后接入毛线，钩织剩余的 7 行。

2 在袖口处接入象牙白色毛线，按照钩织图钩织袖子。

3 缝子母扣。

C【背带裤】

1 按照 p61 "麋鹿玩偶：裤子"的钩织图钩织。ⓑ钩织至第 28 行，长度稍微短一点。在ⓐ处接入藏蓝色毛线，钩织护胸。在背带裤的裤口和护胸周围，用短针钩织 1 行花边。

2 钩织口袋、2 根肩带。将口袋缝在护胸上，2 根肩带缝在背带裤的主体上。

3 缝子母扣。

D【单肩拎包（黄色）】

1 用圆环起针的方法织入起针，在指定的位置嵌入纽扣，钩织手提包的主体。用锁针起针，钩织绳带。

2 将绳带卷缝在手提包的主体上。

E【鞋】

1 用圆环起针的方法织入起针，按照钩织图钩织 2 只鞋。

F【单肩拎包（茶色）】

1 用锁针织入起针，然后按照钩织图钩织手提包的主体。再用锁针织入起针，钩织绳带。

2 主体部分在指定的位置折叠，两侧用卷针缝合。最后将绳带用卷针缝在手提包的主体上。

G【鞋】

1 用圆环起针的方法织入起针，按照钩织图钩织 2 只鞋。

2 将蜡线穿入鞋的主体，打结。

H【条纹手提包】

1 用圆环起针的方法织入起针，按照钩织图变换配色，钩织手提包的主体。

2 皮革绳带缝在手提包的主体上。

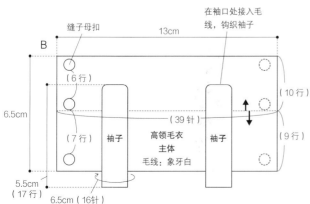

缝子母扣

13cm

B

（6行）

（10行）

6.5cm

（39针）

（7行）

袖子

高领毛衣
主体
毛线：象牙白

袖子

（9行）

5.5cm
（17行）

6.5cm（16针）

在袖口处接入毛线，钩织袖子

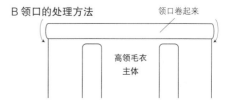

B 领口的处理方法

领口卷起来

高领毛衣
主体

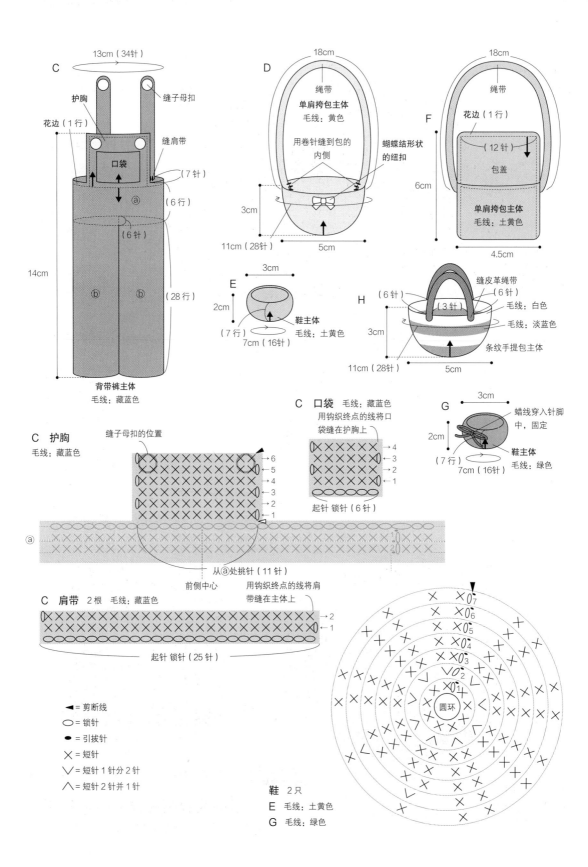

C

13cm（34针）

护胸

缝子母扣

花边（1行）

缝肩带

口袋

（7针）

ⓐ

（6行）

（6针）

14cm

ⓑ　ⓑ

（28行）

背带裤主体

毛线：藏蓝色

D

18cm

绳带

单肩挎包主体

毛线：黄色

用卷针缝到包的内侧

蝴蝶结形状的纽扣

3cm

11cm（28针）

5cm

F

18cm

绳带

花边（1行）

（12针）

包盖

6cm

单肩挎包主体

毛线：土黄色

4.5cm

E

3cm

2cm

鞋主体

毛线：土黄色

（7行）

7cm（16针）

H

（6针）

缝皮革绳带

（6针）

毛线：白色

（3针）

毛线：淡蓝色

3cm

条纹手提包主体

11cm（28针）

5cm

C　护胸

毛线：藏蓝色

缝子母扣的位置

6
5
4
3
2
1

C　口袋　毛线：藏蓝色

用钩织终点的线将口袋缝在护胸上

4
3
2
1

起针 锁针（6针）

G

3cm

蜡线穿入针脚中，固定

2cm

鞋主体

毛线：绿色

（7行）

7cm（16针）

ⓐ

从ⓐ处挑针（11针）

前侧中心

用钩织终点的线将肩带缝在主体上

C　肩带　2根　毛线：藏蓝色

2
1

起针 锁针（25针）

◀ = 剪断线

◯ = 锁针

● = 引拔针

✕ = 短针

∨ = 短针1针分2针

∧ = 短针2针并1针

鞋　2只

E　毛线：土黄色

G　毛线：绿色

圆环

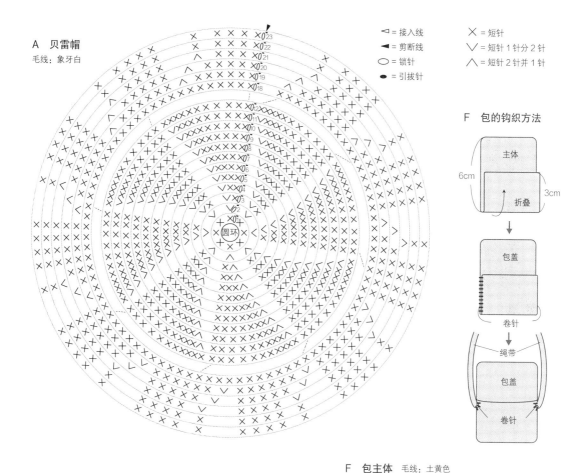

A 贝雷帽
毛线：象牙白

◁ = 接入线　　　✕ = 短针
◀ = 剪断线　　　V = 短针1针分2针
○ = 锁针　　　　∧ = 短针2针并1针
• = 引拔针

F 包的钩织方法

主体
6cm　　3cm
折叠

包盖
卷针

绳带
包盖
卷针

F 包主体　毛线：土黄色

钩织起点
起针
锁针（12针）

→26
→25
→24
→23
→10
→5
→4
→3
→2
→1

D、H 包主体

圆环

D 的毛线：□ ▨ = 黄色
F 的毛线：□ = 白色
　　　　　▨ = 淡蓝色

⊗ D 嵌入纽扣的位置

用钩织终点的线卷
针缝合绳带与主体

D、F 绳带　D 的毛线：黄色　F 的毛线：土黄色

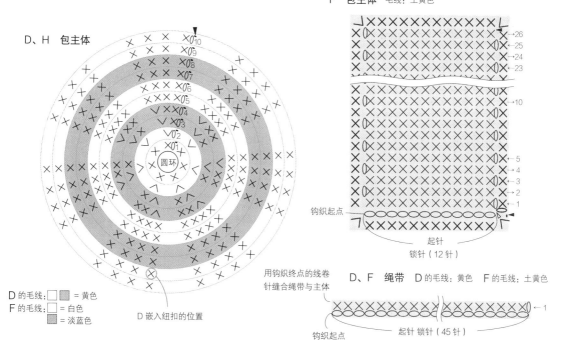

钩织起点　起针 锁针（45针）　←1

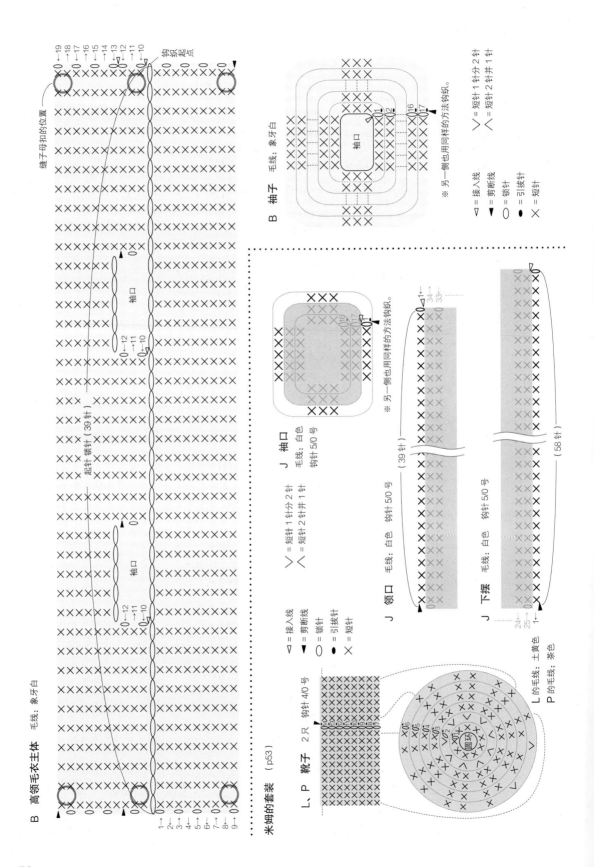

B 高领毛衣主体 毛线：象牙白

缝子母扣的位置

钩织起点

起针锁针（39针）

袖口

袖口

→12
→11
→10

→12
→11
→10

→19
→18
→17
→16
→15
→14
→13
→12
→11
→10

1→
2→
3→
4→
5→
6→
7→
8→
9→

B 袖子 毛线：象牙白

袖口

∨ = 短针1针分2针
∧ = 短针2针并1针

※另一侧也用同样的方法钩织。

⊲ = 接入线
▼ = 剪断线
○ = 锁针
● = 引拔针
× = 短针

米姆的套装 （p53）

J 袖口 毛线：白色 钩针5/0号

袖口

※另一侧也用同样的方法钩织。

⊲ = 接入线
▼ = 剪断线
○ = 锁针
● = 引拔针
× = 短针

∨ = 短针1针分2针
∧ = 短针2针并1针

J 领口 毛线：白色 钩针5/0号

（39针）

J 下摆 毛线：白色 钩针5/0号

（58针）

24→
25→
1→

34→
33→

L, P 靴子 2只 钩针4/0号

L 的毛线：土黄色
P 的毛线：茶色

（圆环）

米姆的套装

▶▶ 照片：p15

▶ 材料

I 【毛线】和麻纳卡 Piccolo #2（象牙白）11g
　【其他】直径 6mm 的子母扣 3 颗，手缝线（白色）适量
J 【毛线】和麻纳卡 Exceed Wool FL（中粗）#233（浅紫色）
　26g，和麻纳卡 Lupo #1（白色）2g
　【其他】直径 6mm 的子母扣 3 颗，直径 1.5cm 的木质纽扣 2
　颗，手缝线（茶色、白色）各适量
K 【毛线】和麻纳卡 Piccolo #38（米褐色）12g
　【其他】直径 6mm 的子母扣 2 颗，直径 6mm 的纽扣（茶色）
　2 颗，宽 5mm 的皮革绳带 30cm，手缝线（米褐色、
　茶色）各适量
L 【毛线】和麻纳卡 Piccolo #21（土黄色）3g
M 【毛线】和麻纳卡 Luna Mole #11（象牙白）15g
　【其他】直径 10mm 的绒球（粉色）2 个，手缝线（粉色）适量
N 【毛线】和麻纳卡 eco-ANDARIA #42（米褐色）24g
　【其他】宽 1cm 的蕾丝花边 12cm，手缝线（白色）适量
O 【毛线】和麻纳卡 Luna Mole #11（象牙白）5g
　【其他】直径 10mm 的绒球（米褐色）2 个，手缝线（米褐色）
　适量
P 【毛线】和麻纳卡 Exceed Wool FL（中粗）#205（茶色）4g
Q 【毛线】和麻纳卡 Piccolo #22（粉色）2g
　【其他】直径 3mm 的串珠（粉色）4 颗，手缝线（粉色）适量

▶ 用具

钩针 4/0 号和 5/0 号，缝纫针，手缝针，胶水

▶ 成品尺寸

I　衣长 5.5cm
J　衣长 12cm
K　衣长 8cm、肩带 6.5cm
L　周长 7cm × 高 4.5cm
M　长 5.5cm × 高 6.5cm
N　长 6cm × 高 7cm
O　周长 8cm × 高 3cm
P　周长 7cm × 高 4.5cm
Q　周长 7cm × 高 2cm

▶ 钩织方法

I 【毛衣】
1　按照 p57 "慕斯亚的套装：D 毛衣主体、袖子" 的钩
　织图，钩织毛衣的主体和袖子。
2　缝子母扣。

J 【连衣裙】
1　取浅紫色毛线，按照 p80 "护士玩偶：护士服" 的钩
　织图钩织连衣裙，下部钩织至第 25 行。分别在领口
　和下摆处接入白色毛线，钩织 1 行花边。
2　在袖口处接入浅紫色毛线，按照 p52 "艾米的套装：
　B 袖子" 的钩织图钩织袖子。在袖口接入白色毛线，
　钩织 1 行花边。
3　缝木质纽扣和子母扣。

K 【无袖连衣裙】
1　按照 p45 "基本款连衣裙：连衣裙" 的钩织图钩织连
　衣裙，下部钩织至第 25 行即可。
2　先缝皮革绳带、纽扣，再缝子母扣。

L 【靴子】
1　按照钩织图钩织 2 只靴子。

M 【绒球手提包】
1　用圆环起针的方法织入起针，然后按照钩织图钩织
　手提包的主体。
2　钩织提手，用卷针缝在手提包的主体上。
3　缝绒球。

N 【篮形手提包】
1　按照 p51 "艾米的套装：D 手提包主体" 的钩织图，
　钩织手提包的主体。
2　用胶水粘好蕾丝花边。
3　按照钩织图钩织提手，再用卷针缝好。

O 【绒球鞋】
1　按照钩织图钩织 2 只鞋的主体。
2　缝绒球。

P 【靴子】
1　按照钩织图钩织 2 只靴子。

Q 【鞋】
1　按照 p50 "艾米的套装：鞋" 的钩织图，钩织 2 只鞋
　的主体。
2　缝串珠。

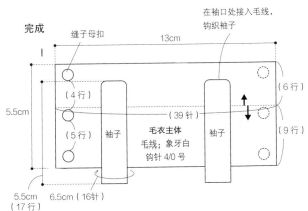

L 的毛线：土黄色
P 的毛线：茶色

▶ L、P 靴子的钩织图见 p52。

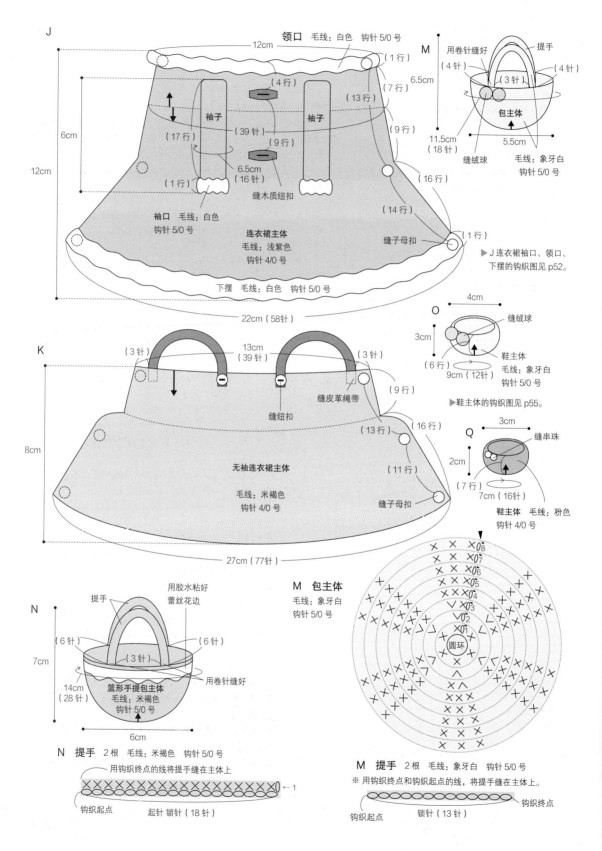

J

领口　毛线：白色　钩针 5/0 号

12cm

（1 行）

M　用卷针缝好　提手

（4 针）　（3 针）　（4 针）

6.5cm

（7 行）

（4 行）

6cm

（13 行）

袖子　袖子

（17 行）　（39 针）

（9 行）

包主体

11.5cm
（18 针）

缝绒球

5.5cm

毛线：象牙白
钩针 5/0 号

12cm

6.5cm
（16 针）

（9 行）

缝木质纽扣

（1 行）

（16 行）

袖口　毛线：白色
钩针 5/0 号

（14 行）

连衣裙主体
毛线：浅紫色
钩针 4/0 号

缝子母扣

（1 行）

▶J 连衣裙袖口、领口、
下摆的钩织图见 p52。

下摆　毛线：白色　钩针 5/0 号

22cm（58 针）

O

4cm

缝绒球

3cm

鞋主体

9cm（12 针）

毛线：象牙白
钩针 5/0 号

▶鞋主体的钩织图见 p55。

K

（3 针）　13cm　（3 针）
（39 针）

（9 行）

8cm

缝皮革绳带

缝纽扣

（13 行）

（16 行）

无袖连衣裙主体

毛线：米褐色
钩针 4/0 号

（11 行）

缝子母扣

27cm（77 针）

Q

3cm

缝串珠

2cm

（7 行）　7cm（16 针）

鞋主体　毛线：粉色
钩针 4/0 号

N

用胶水粘好
蕾丝花边

提手

（6 针）　（6 针）

（3 针）

7cm

用卷针缝好

14cm
（28 针）

篮形手提包主体
毛线：米褐色
钩针 5/0 号

6cm

M　包主体

毛线：象牙白
钩针 5/0 号

×08
×07
×06
×05
×04
×03
×02
×01

圆环

N　提手　2 根　毛线：米褐色　钩针 5/0 号

用钩织终点的线将提手缝在主体上

←1

钩织起点　起针 锁针（18 针）

M　提手　2 根　毛线：象牙白　钩针 5/0 号

※ 用钩织终点和钩织起点的线，将提手缝在主体上。

钩织起点　锁针（13 针）　钩织终点

慕斯亚的套装

▶▶ 照片：p16，17

►►材料

A 【毛线】和麻纳卡 Exceed Wool FL（中粗）#226（藏蓝色）
29g，和麻纳卡 Lupo #1（白色）2g
【其他】直径 6mm 的子母扣 2 颗，直径 1.5cm 的木质纽扣 2 颗，
手缝线（藏蓝色、白色）各适量

B 【毛线】和麻纳卡 Piccolo #37（薰衣草紫色）12g

C 【毛线】和麻纳卡 Exceed Wool FL（中粗）#205（茶色）16g

D 【毛线】和麻纳卡 FUUGA #12（段染绿）13g
【其他】直径 6mm 的子母扣 3 颗，直径 6mm 的纽扣（茶色）2 颗，
手缝线（绿色、茶色）各适量

E 【毛线】和麻纳卡 Piccolo #21（土黄色）2g

F 【毛线】和麻纳卡 Piccolo #27（芥末色）2g

G 【毛线】和麻纳卡 Piccolo #30（紫红色）9g、#36（藏蓝色）3g
【其他】直径 6mm 的子母扣 3 颗，毛毡（紫红色、藏蓝色）各 1 块，
手缝线（紫红色、藏蓝色）各适量

H 【毛线】和麻纳卡 Piccolo #33（灰色）5g、#1（白色）5g
【其他】直径 6mm 的子母扣 3 颗，手缝线（白色）适量

I 【毛线】和麻纳卡 Piccolo #36（藏蓝色）12g
【其他】宽 5mm 的皮革绳带 30cm，手缝线（茶色）适量

J 【毛线】和麻纳卡 Piccolo #20（黑色）12g

K 【毛线】和麻纳卡 Piccolo #17（焦茶色）2g

►►用具

钩针 4/0 号和 5/0 号、缝纫针、手缝针、胶水

►►成品尺寸

A 衣长 8cm、头围 24cm× 高 4.5cm

B 总长 12m

C 总长 12cm

D 衣长 5.5cm

E 周长 7cm× 高 2cm

F 周长 7cm× 高 2cm

G 衣长 7cm

H 衣长 5.5cm

I 总长 12cm、肩带 16cm

J 总长 12cm

K 周长 7cm× 高 2cm

米姆的套装（p53）

○ 毛茸茸的鞋主体 2 只

毛线：象牙白　钩针 5/0 号

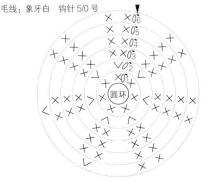

►►钩织方法

A【连帽风衣】

1 取藏蓝色毛线，按照 p57 "慕斯亚的套装：D 毛衣主体、袖子"的钩织图，钩织风衣的主体和袖子。风衣主体的下部钩织至第 18 行。

2 取藏蓝色毛线，按照 p59 "圣诞玩偶：帽子"的钩织图钩织帽子。

3 用卷针缝合风衣主体与帽子。

4 接入白色毛线，在领口和帽子边缘钩织 1 行花边。

5 缝纽扣和子母扣。

B【裤子】

1 按照 p61 "麋鹿玩偶：裤子"的钩织图钩织裤子。

C【裤子】

1 按照 p61 "麋鹿玩偶：裤子"的钩织图钩织裤子。

D【毛衣】

1 先用锁针起针的方法织入起针，下部的 9 行按照钩织图钩织，然后钩织上部。接入毛线，挑 10 针后钩织 3 行。隔 5 针后接入毛线，挑 9 针后钩织 3 行。再隔 5 针接入毛线，挑 10 针后钩织 3 行。最后接入毛线，钩织剩余的 3 行。

2 缝纽扣和子母扣。

E、F【鞋】

1 按照 p50 "艾米的套装：鞋"的钩织图钩织 2 只鞋。

G【毛衣】

1 按照 p57 "慕斯亚的套装：D 毛衣主体、袖子"的钩织图并参考配色表钩织毛衣的主体，下部钩织至第 18 行。

2 在袖口处接入紫红色毛线，按照 p57 "慕斯亚的套装：D 袖子"的钩织图并参考配色表钩织袖子。

3 根据嵌花图案的图纸裁剪紫红色和藏蓝色毛毡，用胶水将剪好的图案粘在主体上。

4 缝子母扣。

H【毛衣】

1 按照 p57 "慕斯亚的套装：D 毛衣主体、袖子"的钩织图并参考配色表钩织毛衣的主体和袖子。

2 缝子母扣。

I【背带裤】

1 按照 p61 "麋鹿玩偶：裤子"的钩织图钩织裤子。

2 皮革绳带剪成 15cm 长的 2 根，缝好。

J【裤子】

1 按照 p61 "麋鹿玩偶：裤子"的钩织图钩织裤子。

K【鞋】

1 按照 p50 "艾米的套装：鞋"的钩织图钩织 2 只鞋。

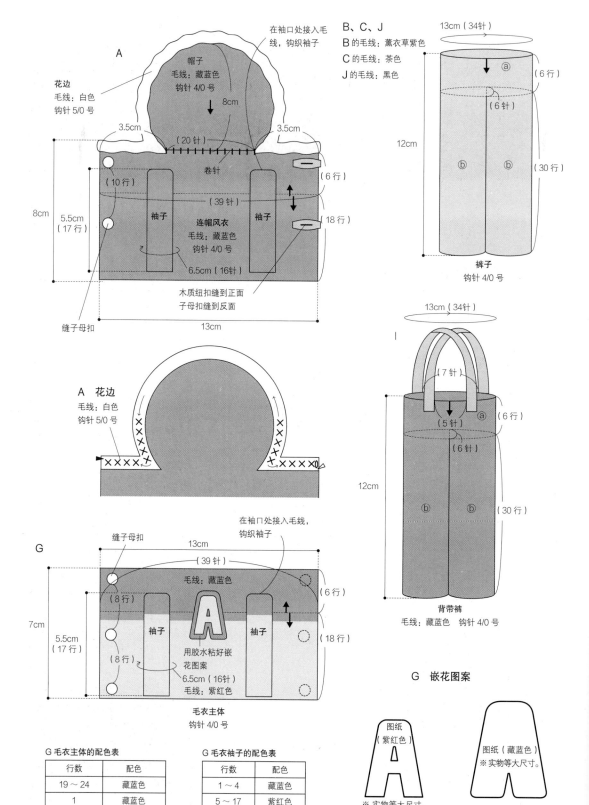

A

花边
毛线：白色
钩针 5/0 号

在袖口处接入毛线，钩织袖子

帽子
毛线：藏蓝色
钩针 4/0 号
8cm

3.5cm

（20针）

卷针

3.5cm

（10行）

（39针）

（6行）

8cm

5.5cm
（17行）

袖子

连帽风衣
毛线：藏蓝色
钩针 4/0 号

袖子

（18行）

6.5cm（16针）

木质纽扣缝到正面
子母扣缝到反面

缝子母扣

13cm

A 花边

毛线：白色
钩针 5/0 号

B、C、J
B 的毛线：薰衣草紫色
C 的毛线：茶色
J 的毛线：黑色

13cm（34针）

ⓐ

（6行）

（6针）

12cm

ⓑ

ⓑ

（30行）

裤子
钩针 4/0 号

13cm（34针）

I

（7针）

（5针）

ⓐ

（6行）

（6针）

12cm

ⓑ

ⓑ

（30行）

背带裤
毛线：藏蓝色 钩针 4/0 号

G

缝子母扣

13cm

（39针）

毛线：藏蓝色

（6行）

（8行）

7cm

5.5cm
（17行）

袖子

A

袖子

（18行）

（8行）

用胶水粘好嵌花图案

6.5cm（16针）
毛线：紫红色

毛衣主体
钩针 4/0 号

在袖口处接入毛线，钩织袖子

G 嵌花图案

图纸
（紫红色）

A

※ 实物等大尺寸。

图纸（藏蓝色）
※ 实物等大尺寸。

G 毛衣主体的配色表	
行数	配色
19～24	藏蓝色
1	藏蓝色
2～18	紫红色

G 毛衣袖子的配色表	
行数	配色
1～4	藏蓝色
5～17	紫红色

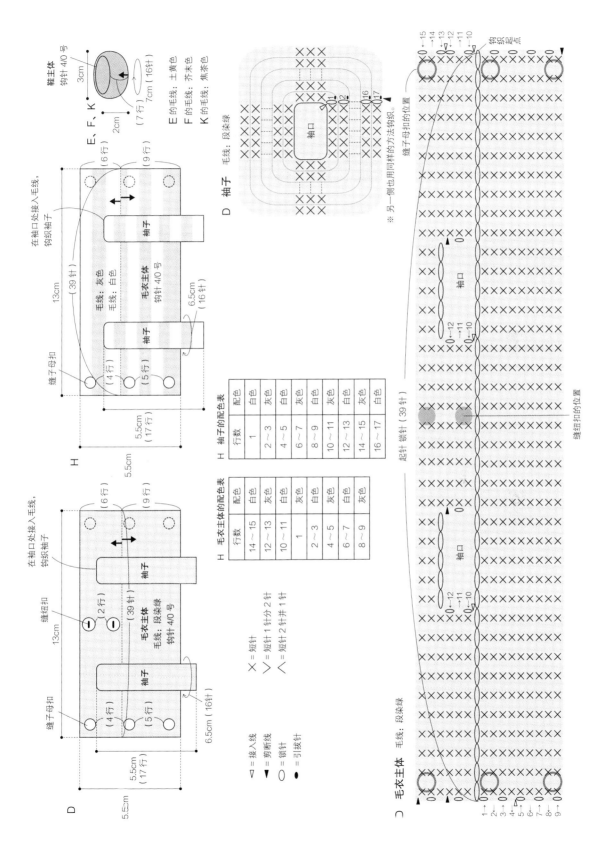

E 的毛线：土黄色
F 的毛线：芥末色
K 的毛线：焦茶色

◁ = 接入线
◀ = 剪断线
○ = 锁针
● = 引拔针

× = 短针
∨ = 短针 1 针分 2 针
∧ = 短针 2 针并 1 针

H 毛衣主体的配色表

行数	配色
14 ~ 15	白色
12 ~ 13	灰色
10 ~ 11	白色
1	灰色
2 ~ 3	白色
4 ~ 5	灰色
6 ~ 7	白色
8 ~ 9	灰色

H 袖子的配色表

行数	配色
1	白色
2 ~ 3	灰色
4 ~ 5	白色
6 ~ 7	灰色
8 ~ 9	白色
10 ~ 11	灰色
12 ~ 13	白色
14 ~ 15	灰色
16 ~ 17	白色

D 袖子 毛线：段染绿

※ 另一侧也用同样的方法钩织。

D 毛衣主体 毛线：段染绿

圣诞玩偶

▶▶ 照片：p18

►◄ 材料

【毛线】和麻纳卡 Luna Mole #5（红色）41g、#11（象牙白）1g，
和麻纳卡 Piccolo #17（焦茶色）4g

【其他】直径 6mm 的子母扣 5 颗，手缝线（红色）适量

►◄ 用具

钩针 4/0 和 5/0 号，缝纫针，手缝针

►◄ 成品尺寸

【连衣裙】衣长 10.5cm

【连帽斗篷】衣长 5cm、头围 29cm× 高 6cm

【靴子】周长 7cm× 高 5cm

►◄ 钩织方法

【连衣裙】

1 按照 p45 "基本款连衣裙：连衣裙" 的钩织图，用红色毛线钩织连衣裙的主体。

2 在袖口处接入红色毛线，织入 1 行短针。

3 在下摆处接入象牙白色毛线，织入 1 行花边。

4 缝子母扣。

【连帽斗篷】

1 用红色毛线起针，织入 32 针锁针后按照斗篷的钩织图继续钩织。帽子部分先用圆环起针的方法织入起针，再按照钩织图继续钩织。

2 用卷针缝合斗篷和帽子。

3 接入象牙白色毛线，钩织 1 行花边。

【靴子】

1 按照 p52 "米姆的套装：靴子" 的钩织图，用茶色毛线钩织靴子，然后接入象牙白色毛线，织入 1 行花边。

完成

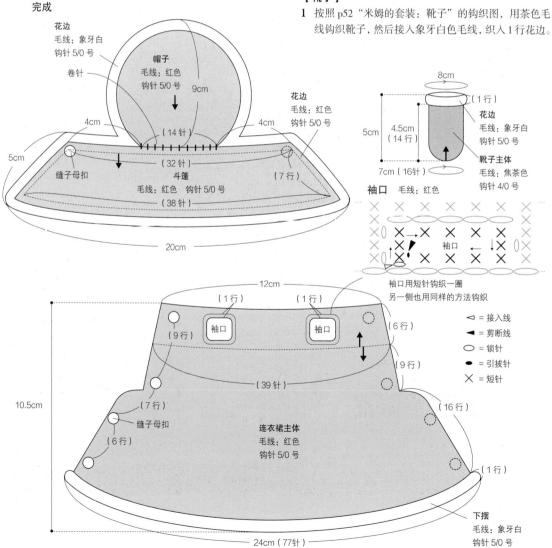

斗篷　毛线：红色　钩针 5/0 号

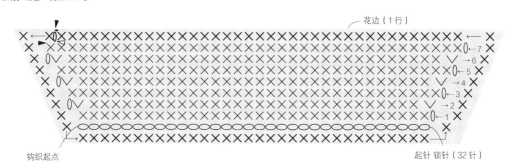

花边（1 行）

钩织起点

起针 锁针（32 针）

帽子

毛线：红色　钩针 5/0 号

用钩织终点的线
进行卷缝

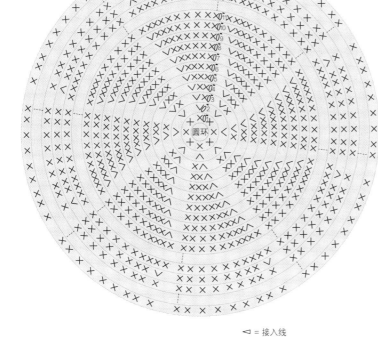

帽子的针数表

行数	针数
17 ～ 19	72 针
16	72 针（-8 针）
11 ～ 15	80 针
10	80 针（+8 针）
9	72 针（+8 针）
8	64 针（+8 针）
7	56 针（+8 针）
6	48 针（+8 针）
5	40 针（+8 针）
4	36 针（+8 针）
3	24 针（+8 针）
2	16 针（+8 针）
1	8 针

花边

毛线：象牙白
钩针 5/0 号

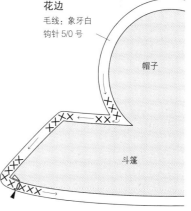

帽子

斗篷

靴子　2 只

毛线：▨ = 焦茶色　钩针 4/0 号
毛线：□ = 象牙白　钩针 5/0 号

花边 □

◁ = 接入线
◀ = 剪断线
○ = 锁针
● = 引拔针
✕ = 短针
∨ = 短针 1 针分 2 针
∧ = 短针 2 针并 1 针

下摆　毛线：象牙白　钩针 5/0 号

麋鹿玩偶

▶▶ 照片：p19

▶ 材料

【毛线】和麻纳卡 Piccolo #21（土黄色）35g、#38（米褐色）
1g、#26（朱红色）1g、#17（焦茶色）2g

【其他】直径 6mm 的子母扣 3 颗，直径 10mm 的大理石纹纽扣
眼睛 2 颗，手缝线（土黄色、黑色）各适量

▶ 用具

钩针 4/0 号，缝纫针，手缝针

▶ 成品尺寸

【毛衣】衣长 5.5cm

【裤子】总长 12cm

【帽子】头围 26cm× 高 7cm

【鞋】周长 7cm× 高 2cm

▶ 钩织方法

【毛衣】

1 按照 p57 "慕斯亚的套装：D 毛衣主体、袖子"的钩织图，用土黄色毛线钩织毛衣的主体和袖子。

2 缝子母扣。

【裤子】

1 用土黄色毛线起针，织入 34 针锁针后钩织成圆形，接着钩织ⓐ。再在ⓐ上起针，织入 6 针锁针，然后按照钩织图钩织ⓑ。

【帽子】

1 按照 p59 "圣诞玩偶：帽子"的钩织图，用土黄色毛线钩织帽子。

2 钩织鹿角的ⓐ、ⓑ时，先用米褐色毛线钩织圆环起针，然后按照钩织图钩织。用卷针缝合ⓐ与ⓑ，再将缝好的鹿角缝在主体上。耳朵与鼻子部分先钩织圆环起针，然后按照钩织图钩织，最后缝在主体上。

【鞋】

1 按照 p50 "艾米的套装：鞋"的钩织图，用焦茶色毛线钩织 2 只鞋。

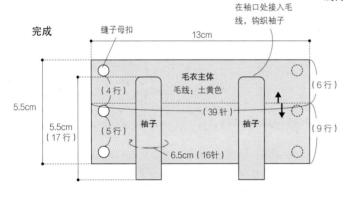

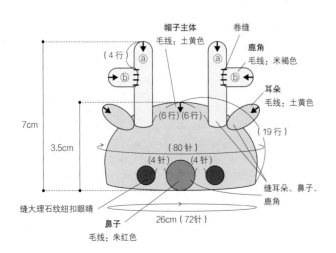

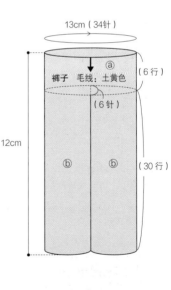

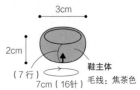

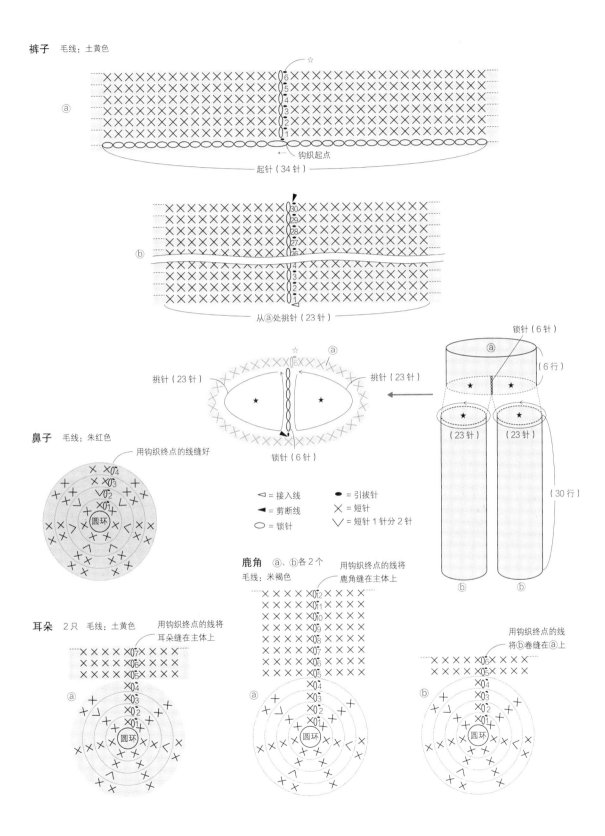

裤子　毛线：土黄色

ⓐ

钩织起点

起针（34针）

ⓑ

从ⓐ处挑针（23针）

挑针（23针）　　　　　　挑针（23针）

锁针（6针）

锁针（6针）　　（6行）

ⓐ

（23针）　（23针）

（30行）

ⓑ　　ⓑ

鼻子　毛线：朱红色

用钩织终点的线缝好

圆环

◁ = 接入线　　● = 引拔针
◀ = 剪断线　　× = 短针
○ = 锁针　　　∨ = 短针1针分2针

鹿角　ⓐ、ⓑ各2个
毛线：米褐色

用钩织终点的线将
鹿角缝在主体上

耳朵　2只　毛线：土黄色

用钩织终点的线将
耳朵缝在主体上

ⓐ

圆环

ⓐ

圆环

用钩织终点的线
将ⓑ卷缝在ⓐ上

ⓑ

圆环

爱丽丝玩偶

▶▶ 照片：p20

◄ 材料
【毛线】和麻纳卡 Piccolo #23（蓝色）17g、#1（白色）5g、#20（黑色）2g
【其他】直径 6mm 的子母扣 7 颗，缎纹丝带（黑色）30cm，手缝线（浅蓝色、白色、黑色）各适量

◄ 用具
钩针 4/0 号，缝纫针，手缝针

◄ 成品尺寸
【连衣裙】衣长 10cm
【围裙】围裙长 6.5cm
【鞋】周长 7cm × 高 2cm

◄ 钩织方法
【连衣裙】
1 按照 p44 ～ 45 "基本款连衣裙：连衣裙、袖子"的钩织图，用蓝色毛线钩织连衣裙的主体和袖子。
2 用白色毛线钩织衣领，缝在连衣裙的主体上。
3 缝子母扣。
【围裙】
1 用白色毛线起针，织入 39 针锁针。然后按照钩织图继续钩织。
2 钩织肩带，依次将ⓐ～ⓑ缝在围裙主体的相应位置上。
3 缝子母扣。
【鞋】
1 按照 p50 "艾米的套装：鞋"的钩织图，用黑色毛线钩织 2 只鞋。
2 钩织鞋带。将鞋带缝在靴子主体上，最后缝子母扣。
【发饰】
1 用黑色缎纹丝带在艾米的头上打蝴蝶结。

完成

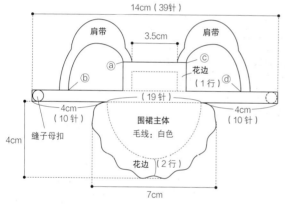

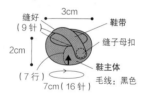

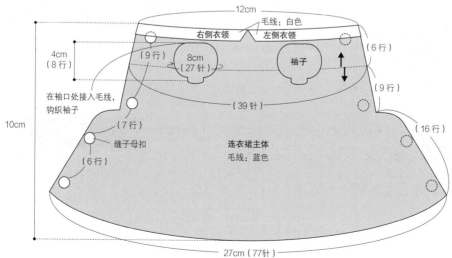

衣领 毛线：白色

右侧衣领

用钩织终点的线将衣领缝在主体上

钩织起点　起针（20针）　→2 ←1

缝合衣领的方法

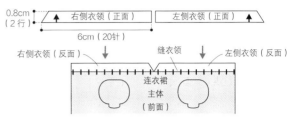

0.8cm（2行）　右侧衣领（正面）　左侧衣领（正面）

6cm（20针）

右侧衣领（反面）　缝衣领　左侧衣领（反面）

连衣裙主体（前面）

左侧衣领

用钩织终点的线将衣领缝在主体上

钩织起点　起针（20针）　→2 ←1

围裙主体 毛线：白色

起针 锁针（39针）

缝肩带的位置　缝肩带的位置

（14针）　（14针）

（10针）　（10针）

钩织起点　→1

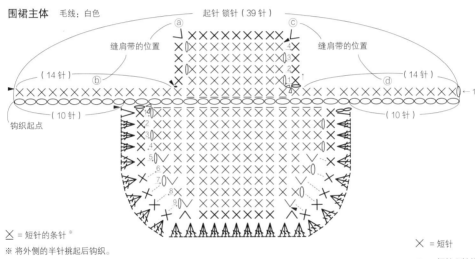

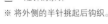

╳ = 短针的条针※

※ 将外侧的半针挑起后钩织。

◁ = 接入线
◀ = 剪断线
○ = 锁针
● = 引拔针

╳ = 短针
∧ = 短针2针并1针
∨ = 短针1针分2针
T = 中长针
V = 中长针1针分2针
= 长针1针分3针

肩带

用钩织终点的线将肩带缝在主体上

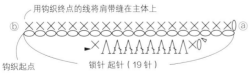

钩织起点　锁针 起针（19针）

用钩织终点的线将肩带缝在主体上

钩织起点　锁针 起针（19针）

鞋带 毛线：黑色

缝子母扣的位置

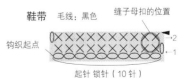

钩织起点　→2

起针 锁针（10针）

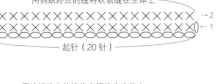

小红帽玩偶

▶▶ 照片：p21

►◄ 材料

【毛线】和麻纳卡 Piccolo #6（红色）25g、#32（黄绿色）2g、#1（白色）1g

【其他】直径 7mm 的纽扣（红色）1 颗，直径 6mm 的子母扣 7 颗，手缝线（红色、绿色、白色）各适量

►◄ 用具

钩针 4/0 号，缝纫针，手缝针

►◄ 成品尺寸

【连衣裙】衣长 9cm

【头巾】头巾长 3cm、头围 27cm × 高 4cm

【围裙】围裙长 5cm

【鞋】周长 7cm × 高 2cm

►◄ 钩织方法

【连衣裙】

1 用锁针起针，然后按照钩织图钩织连衣裙下部的 21 行，接着钩织连衣裙的上部。接入毛线，挑 10 针后钩织 3 行。隔 5 针后接入毛线，挑 9 针后钩织 3 行。最后接入毛线，钩织剩余的 3 行。

2 在袖口处接入白色毛线，按照 p44 "基本连衣裙：袖子" 的钩织图钩织袖子。

3 缝子母扣。

【兜帽】

1 按照 p59 "圣诞玩偶：斗篷、帽子" 的钩织图钩织斗篷和兜帽。

2 用卷针缝合斗篷和兜帽。

3 缝纽扣和子母扣。

【围裙】

1 用锁针织入 39 针起针，之后按照钩织图继续钩织。

2 缝子母扣。

【鞋】

1 按照 p50 "艾米的套装：鞋" 的钩织图钩织 2 只鞋。

2 钩织鞋带。然后将鞋带缝在鞋主体上，最后缝子母扣。

完成

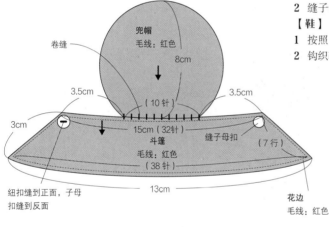

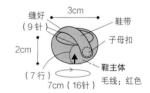

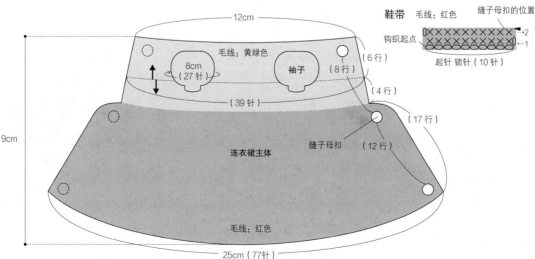

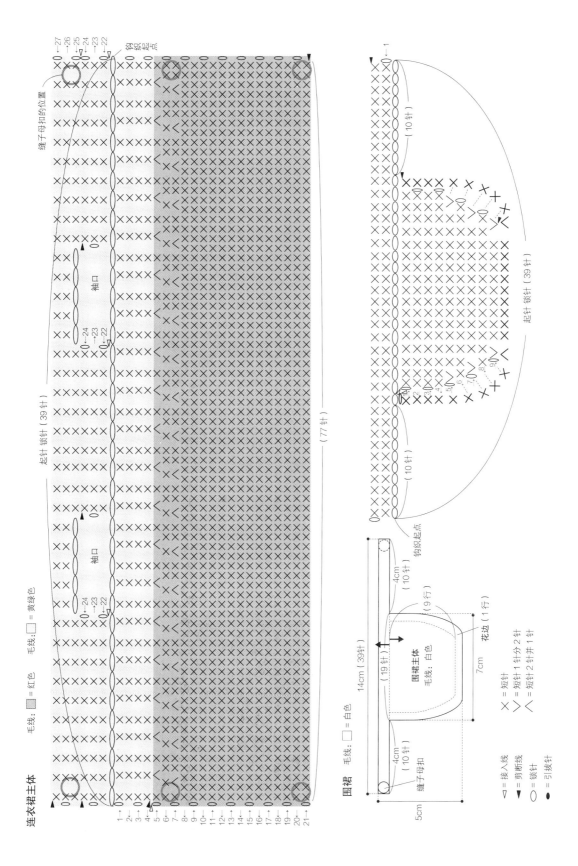

连衣裙主体

毛线：▨ = 红色　毛线：□ = 黄绿色

袖口

起针锁针（39针）

缝子母扣的位置

钩织起点

×0←27
×0←26
×0←25
×0←24
×0←23
×0←22

起针锁针（39针）

（77针）

1→
2→
3→
4→
5→
6→
7→
8→
9→
10→
11→
12→
13→
14→
15→
16→
17→
18→
19→
20→
21→

围裙　毛线：□ = 白色

钩织起点

缝子母扣

5cm

4cm
（10针）

14cm（39针）

4cm
（10针）

（19针）

围裙主体
毛线：白色

7cm

花边（1行）

起针锁针（39针）

（10针）

（10针）

× = 短针
V = 短针1针分2针
∧ = 短针2针并1针

◁ = 接入线
▼ = 剪断线
〇 = 锁针
● = 引接针

65

天使玩偶

▶▶ 照片：p22

▶ 材料
【毛线】和麻纳卡 Piccolo #2（象牙白）19g、#8（黄色）4g，和麻纳卡 Lupo#1（白色）2g

【其他】直径 6mm 的子母扣 4 颗，宽 1cm 的丝带（浅蓝色）30cm，毛毡（白色）1 块，填充棉适量，手缝线（白色）适量

▶ 用具
钩针 4/0 和 5/0 号，缝纫针，手缝针

▶ 成品尺寸
【连衣裙】衣长 11cm
【光环】直径 7.5cm× 粗 4cm

▶ 钩织方法
【连衣裙】
1　按照 p45 "基本款连衣裙：连衣裙"的钩织图，先钩织下部的 24 行，再钩织上部的 5 行。下摆处接入白色毛线，钩织 1 行花边。再用同样的方法钩织衣领。
2　在袖口处接入毛线，按照 p44 "基本连衣裙：袖子"的钩织图钩织袖子。
3　缝子母扣。
4　丝带打结，缝在主体上。
5　毛毡按照翅膀的图纸裁剪后缝在主体上。

【光环】
1　用圆环起针的方法织入起针，然后按照钩织图钩织光环。塞入填充棉，用钩织终点处的线卷缝成环形。

完成

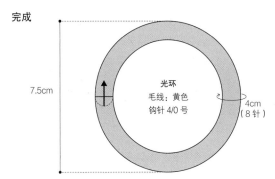

7.5cm

光环
毛线：黄色
钩针 4/0 号

4cm
（8 针）

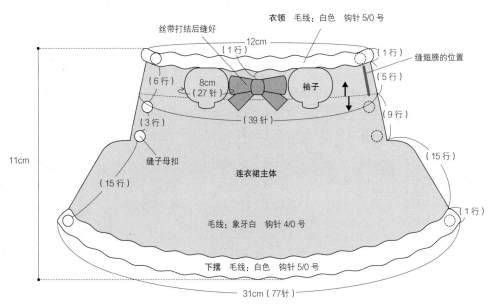

衣领　毛线：白色　钩针 5/0 号

丝带打结后缝好

12cm
（1 行）

（1 行）

缝翅膀的位置

（6 行）

8cm
（27 针）

袖子

（5 行）

（3 行）

（39 针）

（9 行）

11cm

缝子母扣

（15 行）

（15 行）

连衣裙主体

毛线：象牙白　钩针 4/0 号

（1 行）

下摆　毛线：白色　钩针 5/0 号

31cm（77 针）

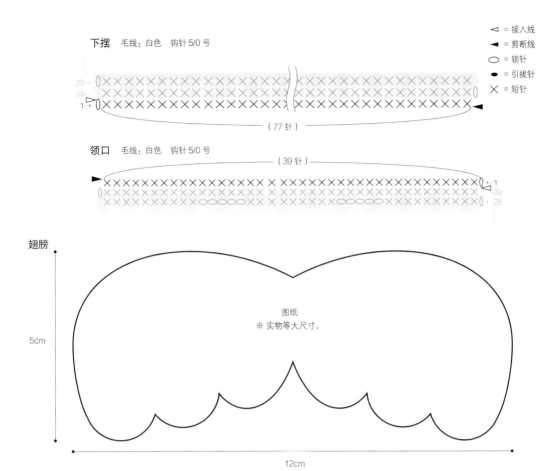

下摆　毛线：白色　钩针 5/0 号

▷ = 接入线
◀ = 剪断线
◯ = 锁针
● = 引拔针
✕ = 短针

23
24
1

（ 77 针 ）

领口　毛线：白色　钩针 5/0 号

（ 39 针 ）

1
29
28

翅膀

5cm

图纸
※ 实物等大尺寸。

12cm

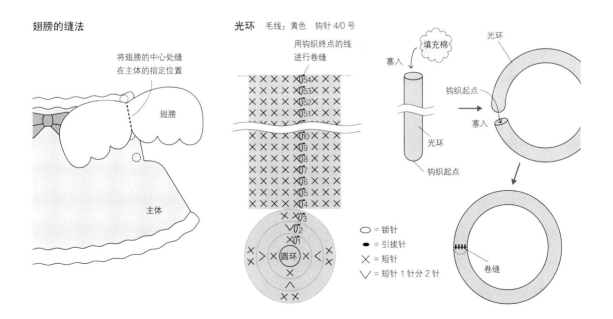

翅膀的缝法

将翅膀的中心处缝
在主体的指定位置

翅膀

主体

光环　毛线：黄色　钩针 4/0 号

用钩织终点的线
进行卷缝

54
53
52
51
10
9
8
7
6
5
4
3
2
1
圆环

◯ = 锁针
● = 引拔针
✕ = 短针
∨ = 短针 1 针分 2 针

填充棉

塞入

光环

钩织起点

光环

钩织起点

钩织起点

塞入

卷缝

11 恶魔玩偶

▶▶ 照片：p23

➤ 材料
【毛线】和麻纳卡 Piccolo #20（黑色）15g、#6（红色）1g
【其他】直径 6mm 的子母扣 4 颗，宽 3mm 的缎纹丝带（红色）30cm，毛毡（黑色）1 块，宽 3.5mm 的皮筋 10cm，填充棉适量，手缝线（黑色、红色）各适量

➤ 用具
钩针 4/0 号，缝纫针，手缝针

➤ 成品尺寸
【连衣裙】衣长 10.5cm
【发箍】长 12cm× 宽 2.5cm
【靴子】周长 7cm× 高 4.5cm

➤ 钩织方法
【连衣裙】
1 按照 p45 "基本款连衣裙：连衣裙" 的钩织图，先钩织下部的 23 行，再钩织上部的 6 行。下摆处更换红色毛线，织入 2 行。
2 在袖口处接入毛线，织入 1 行短针。
3 缝子母扣。
4 缎纹丝带打结，缝好。
5 毛毡按照翅膀和尾巴的图纸裁剪后缝在主体上。

【发箍】
1 发箍主体的起针部分用黑色毛线织入 5 针锁针，然后按照钩织图钩织。犄角的起针部分为圆环起针，接着按照钩织图继续钩织。
2 犄角中塞入填充棉，卷缝到主体上。
3 缝上皮筋。

【靴子】
1 按照 p73 "哥特玩偶：靴子" 的钩织图，用黑色毛线钩织 2 只靴子。

完成

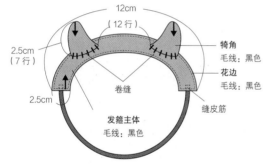

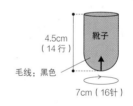

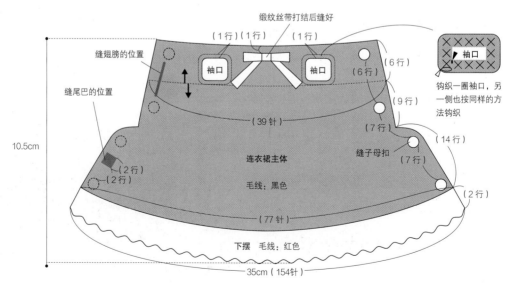

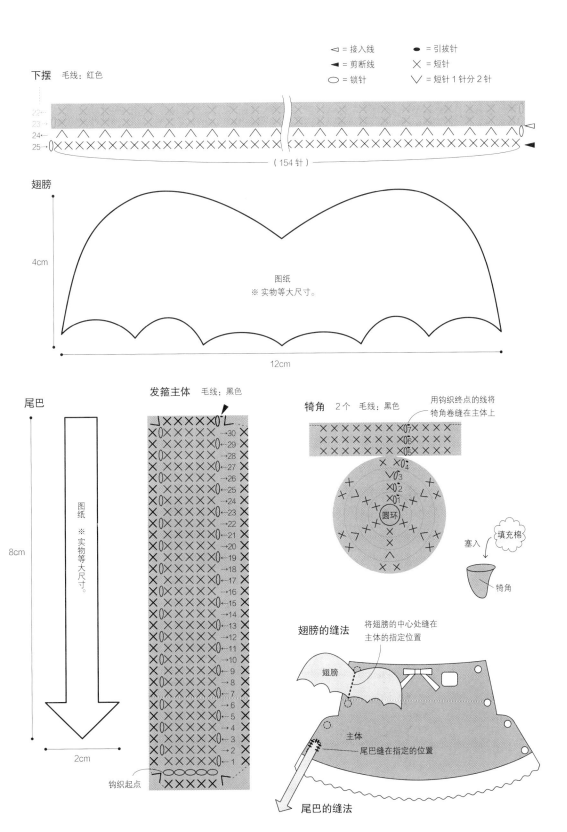

下摆　毛线：红色

▷ = 接入线　　● = 引拔针
◀ = 剪断线　　✕ = 短针
◯ = 锁针　　　∨ = 短针1针分2针

22→
23→
24→
25→

（154针）

翅膀

4cm

图纸
※ 实物等大尺寸。

12cm

尾巴

8cm

图纸
※ 实物等大尺寸。

2cm

发箍主体　毛线：黑色

钩织起点

犄角　2个　毛线：黑色

用钩织终点的线将
犄角卷缝在主体上

07
06
05
04
03
02
01
圆环

填充棉

塞入

犄角

翅膀的缝法

将翅膀的中心处缝在
主体的指定位置

翅膀

主体

尾巴缝在指定的位置

尾巴的缝法

洛丽塔玩偶

▶▶ 照片：p24

▶ 材料
【毛线】和麻纳卡 Piccolo #1（白色）30g、#17（焦茶色）3g
【其他】直径6mm的子母扣5颗，宽3mm的缎纹丝带（白色）1.3m，
宽1cm和宽5mm的蕾丝花边各1m，宽3.5cm的蕾丝花
边5cm，手缝线（白色）适量

▶ 用具
钩针4/0号，缝纫针，手缝针

▶ 成品尺寸
【连衣裙】衣长 10.5cm
【披肩】衣长 4cm
【头饰】长 8cm× 宽 6cm
【靴子】周长 7cm× 高 4.5cm

▶ 钩织方法
【连衣裙】
1 按照 p45 "基本款连衣裙：连衣裙"的钩织图钩织连
衣裙。在第9行接入毛线，钩织荷叶边。
2 在袖口处接入毛线，织入1行短针。
3 缝子母扣。
4 在主体的下摆、荷叶边的下摆、主体的胸口处缝上
蕾丝花边。缎纹丝带打结后缝好。

【披肩】
1 用锁针起针的方法织入 32 针，然后按照钩织图继续
钩织。
2 缝子母扣。
3 缝蕾丝花边。

【发饰】
1 用锁针起针的方法织入 8 针，然后按照钩织图继续
钩织。
2 缝蕾丝花边。
3 缎纹丝带剪成 2 根，缝好。

【靴子】
1 按照 p73 "哥特玩偶：靴子"的钩织图，用焦茶色毛
线钩织 2 只靴子。

完成

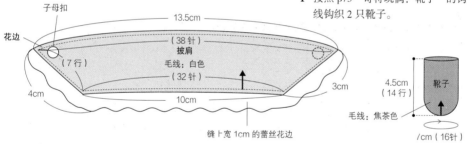

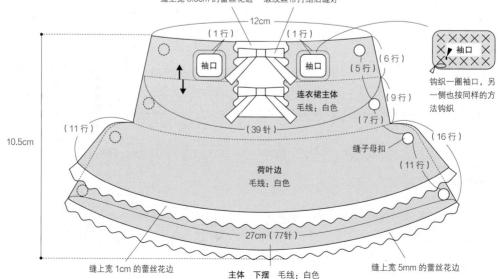

70

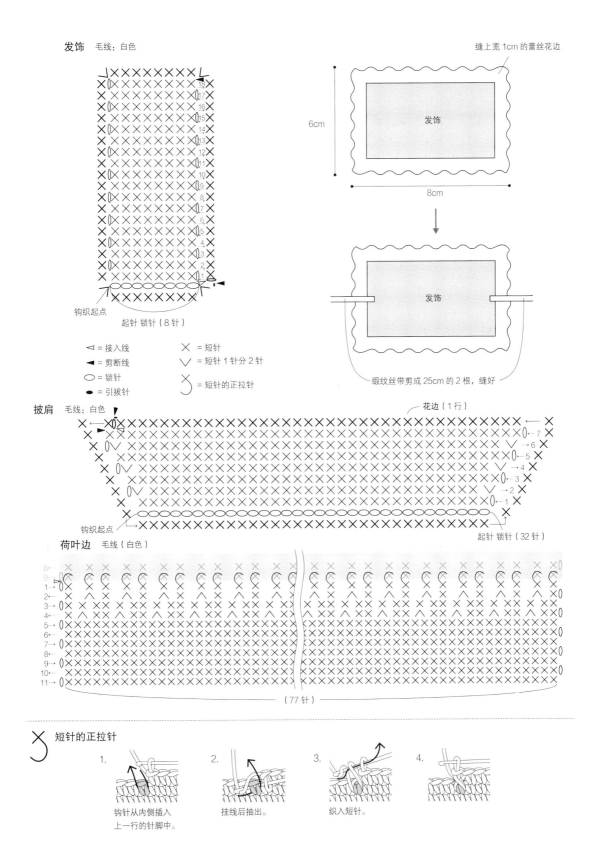

发饰　毛线：白色

缝上宽1cm的蕾丝花边

6cm

发饰

8cm

发饰

缎纹丝带剪成25cm的2根，缝好

钩织起点

起针 锁针（8针）

◁ = 接入线　　　　✕ = 短针
◀ = 剪断线　　　　∨ = 短针1针分2针
○ = 锁针
● = 引拔针　　　　 = 短针的正拉针

披肩　毛线：白色

花边（1行）

钩织起点

起针 锁针（32针）

荷叶边　毛线（白色）

（77针）

短针的正拉针

1. 钩针从内侧插入
上一行的针脚中。

2. 挂线后抽出。

3. 织入短针。

4.

13 哥特玩偶

▶▶ 照片：p25

◥ 材料
【毛线】和麻纳卡 Piccolo #20（黑色）32g
【其他】直径6mm的子母扣4颗，直径6mm的纽扣（黑色）3颗，
宽1cm和宽5mm的蕾丝花边各1m，宽3mm的缎纹丝
带（黑色）60cm，手缝线（黑色）适量

◥ 用具
钩针4/0号，缝纫针，手缝针

◥ 成品尺寸
【连衣裙】衣长10.5cm
【迷你帽子】直径6cm×高3cm
【靴子】周长7cm×高4.5cm

◥ 钩织方法
【连衣裙】
1 按照p45"基本款连衣裙：连衣裙"的钩织图钩织连
衣裙。在第9行接入毛线，按照p71"洛丽塔玩偶：
荷叶边"的钩织图钩织荷叶边。
2 在袖口处接入毛线，按照p44"基本款连衣裙：袖子"
的钩织图钩织袖子。
3 在主体的下摆、荷叶边的下摆、主体的胸口处缝上
蕾丝花边。
4 缝母扣和纽扣。

【迷你帽子】
1 迷你帽子的主体和帽子底盖，先用圆环起针的方法
织入起针，再按照钩织图继续钩织。
2 将蕾丝花边缝在迷你帽子主体上，塞入填充棉后缝
合主体与底盖。
3 缝缎纹丝带。

【靴子】
1 按照钩织图钩织2只靴子。

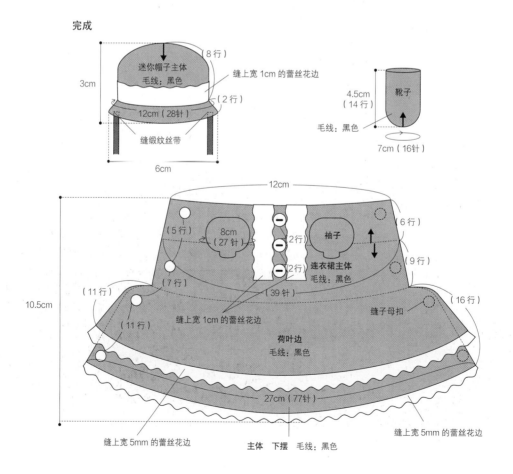

迷你帽子主体
毛线：黑色

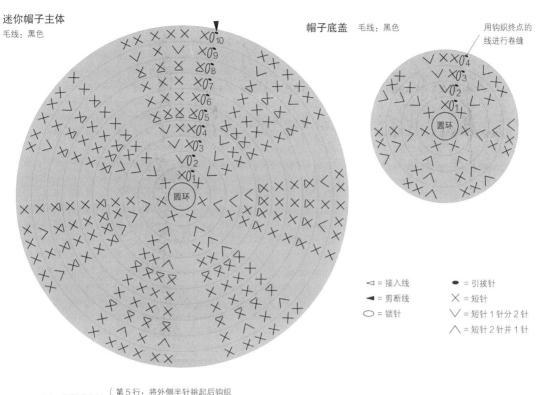

帽子底盖 毛线：黑色

用钩织终点的线进行卷缝

◁ = 接入线	● = 引拔针
◀ = 剪断线	╳ = 短针
○ = 锁针	∨ = 短针 1 针分 2 针
	∧ = 短针 2 针并 1 针

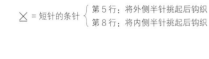
╳ = 短针的条针
第 5 行：将外侧半针挑起后钩织
第 8 行：将内侧半针挑起后钩织

靴子 2 只 毛线：黑色

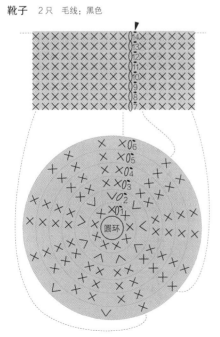

迷你帽子的拼接方法

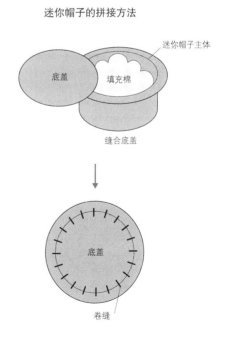

迷你帽子主体
底盖
填充棉
缝合底盖

底盖
卷缝

73

14 穿男生校服的玩偶

▶▶ 照片：p26

▶ 材料
【毛线】和麻纳卡 Piccolo #1（白色）8g、#36（藏蓝色）11g、#20（黑色）2g，和麻纳卡 Exceed Wool FL（中粗）#237（灰色）17g

【其他】直径6mm的子母扣5颗，直径6mm的纽扣（黑色）2颗，毛毡（黑色）1块，手缝线（白色、藏蓝色、红色）各适量

▶ 用具
钩针 4/0 号，缝纫针，手缝针

▶ 成品尺寸
【衬衫】衣长 6cm
【休闲西装】衣长 7cm
【裤子】总长 12cm
【皮鞋】周长 7cm × 高 2cm

▶ 钩织方法
【衬衫】
1 按照 p57 "慕斯亚的套装：D 毛衣主体" 的钩织图钩织衬衫，下部钩织至第 11 行。
2 在袖口处接入白色毛线，按照 p80 "护士玩偶：袖子" 的钩织图钩织袖子。
3 参照 p76 "穿女生校服的玩偶：衣领、领带的制作方法、衣领和领带的缝合方法"，按照钩织图钩织衣领，然后根据领带图纸将毛毡裁剪成领带的形状，缝在衬衫主体上。
4 缝子母扣。

【裤子】
1 按照 p61 "麋鹿玩偶：裤子" 的钩织图钩织裤子。

【休闲西装】
1 按照 p57 "慕斯亚的套装：D 毛衣主体、袖子" 的钩织图钩织休闲西装。休闲西装主体的下部钩织至第 11 行。
2 缝纽扣和子母扣。

【皮鞋】
1 按照 p76 "穿女生校服的玩偶：鞋" 的钩织图，钩织皮鞋主体和配件部分，各钩织 2 个。
2 将配件部分缝在皮鞋主体上。

完成

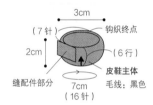

▶皮鞋的钩织图见 p76。

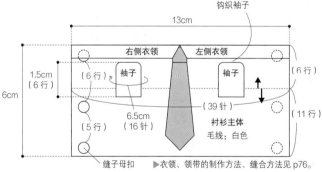

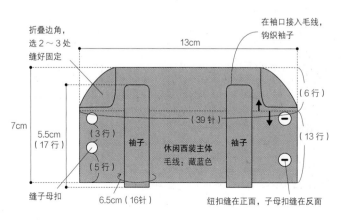

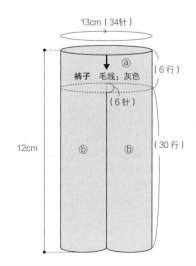

穿女生校服的玩偶

▶▶ 照片：p27

▶ 材料

【毛线】和麻纳卡 Piccolo #1（白色）8g、#36（藏蓝色）11g、#17（焦茶色）2g，和麻纳卡 Exceed Wool FL（中粗）#237（灰色）10g

【其他】直径6mm的子母扣6颗，直径6mm的纽扣（黑色）2颗，毛毡（红色）1块，手缝线（白色、藏蓝色、红色）各适量

▶ 用具

钩针4/0号，缝纫针，手缝针

▶ 成品尺寸

【连衣裙】衣长 10cm

【休闲西装】衣长 6cm

【皮鞋】周长 7cm × 高 42cm

▶ 钩织方法

【连衣裙】

1 按照 p80 "护士玩偶：护士服" 的钩织图钩织连衣裙，下部参照配色表钩织至第 24 行。

2 在袖口处接入白色毛线，按照 p80 "护士玩偶：袖子" 的钩织图钩织袖子。

3 按照钩织图钩织衣领，缝在连衣裙主体上。

4 根据领带图纸将毛毡裁剪成领带的形状，缝好。

5 缝子母扣。

【休闲西装】

1 按照 p57 "慕斯亚的套装：D 毛衣主体、袖子" 的钩织图钩织休闲西装。休闲西装主体的下部钩织至第 11 行。

2 缝纽扣和子母扣。

【皮鞋】

1 皮鞋主体和配件部分均用圆环起针的方法织入起针，然后按照钩织图钩织，各钩织 2 个。

2 将配件部分缝在皮鞋主体上。

完成

折叠边角，选 2～3 处缝好固定

▶皮鞋的钩织图见 p76。

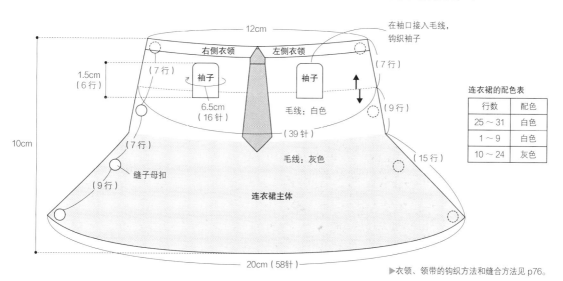

连衣裙的配色表

行数	配色
25～31	白色
1～9	白色
10～24	灰色

▶衣领、领带的钩织方法和缝合方法见 p76。

衣领　　毛线：白色

右侧衣领　　　用钩织终点的线将衣领缝在主体上　　　→2
　　　　　　　　　　　　　　　　　　　　　　　　　　←1
钩织起点
　　　　　　　起针（20针）

左侧衣领　　　用钩织起点的线将衣领缝在主体上　　　→2
　　　　　　　　　　　　　　　　　　　　　　　　　　←1
钩织起点
　　　　　　　起针（20针）

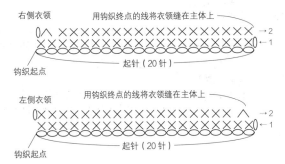

衣领和领带的缝合方法

0.8cm
（2行）　　右侧衣领（正面）　　左侧衣领（正面）
　　　　　　　6cm（20针）

右侧衣领（反面）　　　　缝衣领　　　　左侧衣领（反面）

缝领带　　　　　　　　　　　　14 衬衫主体
　　　　　　　　　　　　　　　15 连衣裙主体

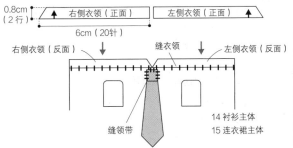

领带的制作方法

ⓐ

ⓑ　图纸
　　※实物等大尺寸。

拱缝后收紧

ⓐ　→　ⓐ　→　ⓐ（卷缝）　→　ⓐ（缝合）　→　ⓐ

　　　　　　　　反面　　　反面　　　正面

图纸
※实物等大尺寸。

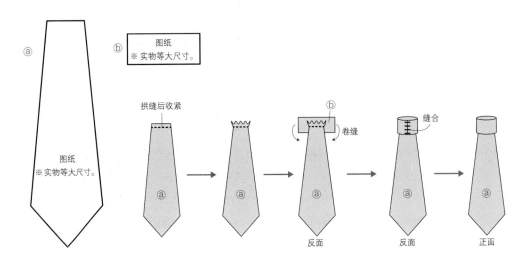

皮鞋主体

2个　毛线：14 黑色
　　　　　　　15 焦茶色

圆环

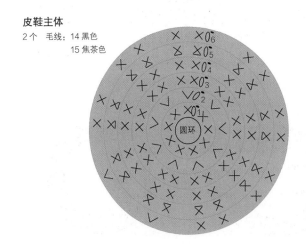

配件部分　2个　毛线：14 黑色　15 焦茶色

钩织起点　　　　　　　　　　←1
起针 锁针（4针）

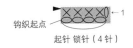

◁ = 接入线　　　● = 引拔针
◀ = 剪断线　　　✕ = 短针
○ = 锁针　　　　∨ = 短针1针分2针
✕ = 短针的条针（将外侧半针挑起后钩织）

泳装男孩玩偶

▶▶ 照片：p28

▶ 材料
【毛线】和麻纳卡 Piccolo #6（红色）5g、#1（白色）2g、#12（浅蓝色）12g

【其他】填充棉适量

▶ 用具
钩针 4/0 号，缝纫针，手缝针

▶ 成品尺寸
【泳裤】总长 5.5cm

【救生圈】直径 9cm× 粗 6cm

▶ 钩织方法

【泳裤】
1 按照 p61"麋鹿玩偶：裤子"的钩织图钩织ⓐ。ⓑ钩织至第 10 行即可，裤长稍微短一些。ⓑ-1 参照配色表钩织，ⓑ-2 用红色毛线钩织。

【救生圈】
1 用圆环起针的方法织入起针，然后按照钩织图继续钩织。塞入填充棉，用钩织终点的线将救生圈卷缝成环形。

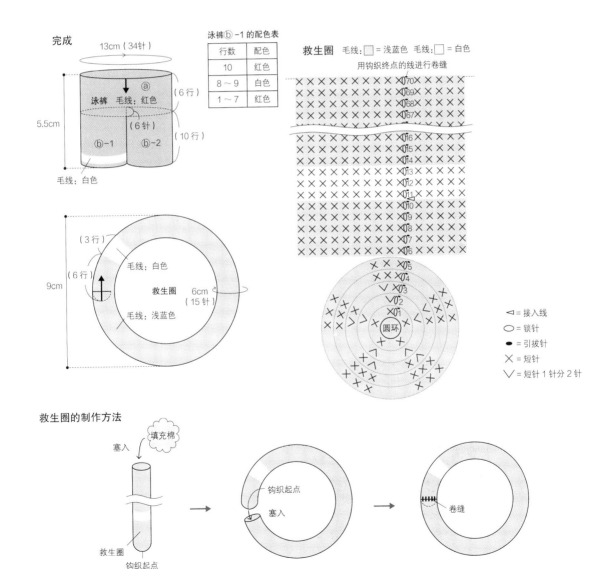

完成

13cm（34针）

泳裤 毛线：红色

（6行）

5.5cm

（6针）

ⓑ-1　ⓑ-2

（10行）

毛线：白色

泳裤ⓑ-1 的配色表

行数	配色
10	红色
8～9	白色
1～7	红色

救生圈　毛线：☐=浅蓝色　毛线：☐=白色

用钩织终点的线进行卷缝

（3行）

（6行）

9cm

毛线：白色

救生圈

毛线：浅蓝色

6cm

（15针）

圆环

◁ = 接入线

◯ = 锁针

● = 引拔针

✕ = 短针

∨ = 短针1针分2针

救生圈的制作方法

填充棉

塞入

救生圈

钩织起点

钩织起点

塞入

卷缝

泳装女孩玩偶

▶▶ 照片：p29

▶ 材料
【毛线】和麻纳卡 Piccolo #22（粉色）5g
【其他】直径 6mm 的子母扣 1 颗，直径 6mm 的纽扣（粉色）2 颗

▶ 用具
钩针 4/0 号，缝纫针，手缝针

▶ 成品尺寸
【泳装（上）】衣长 1.5cm，肩带 4.5cm
【泳装（下）】总长 3cm

▶ 钩织方法
【泳装（上）】
1 按照钩织图钩织主体和 2 根肩带。
2 肩带缝在主体上。
3 缝纽扣和子母扣。
【泳装（下）】
1 按照 p61 "麋鹿玩偶：裤子"的钩织图钩织ⓐ。ⓑ钩织至第 3 行即可，裤长稍微短一些。在ⓐ的第 3 行接入毛线，按照钩织图钩织ⓒ。

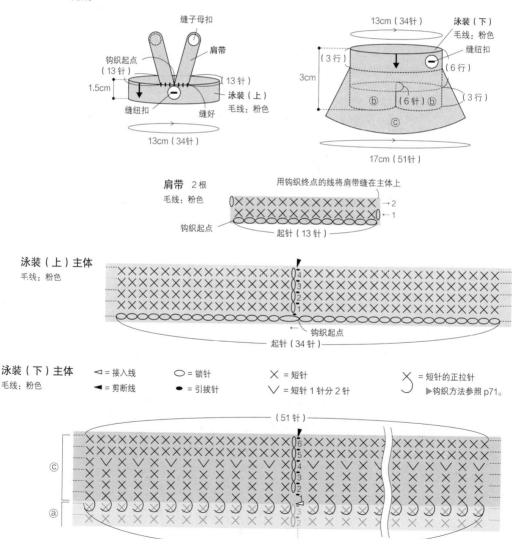

18 护士玩偶

▶▶ 照片：p30

▶◀ 材料
【毛线】和麻纳卡 Piccolo #40（浅粉色）21g
【其他】直径 6mm 的子母扣 3 颗，手缝线（粉色）适量

▶◀ 用具
钩针 4/0 号，缝纫针，手缝针

▶◀ 成品尺寸
【护士服】衣长 10.5cm
【护士帽】头围 26cm × 高 4cm
【鞋】周长 7cm × 高 2cm

▶◀ 钩织方法
【护士服】
1 先织入锁针起针，再按照钩织图钩织护士服下部的 27 行，然后钩织护士服上部。接入毛线，挑 10 针后钩织 3 行。隔 5 针接入毛线，挑 9 针后钩织 3 行。再隔 5 针接入毛线，挑 10 针后钩织 3 行。最后接入毛线，钩织剩余的 4 行。
2 在袖口处接入毛线，钩织袖子。
3 按照钩织图钩织 2 个口袋，缝在主体上。
4 缝子母扣和纽扣。
【护士帽】
1 护士帽的主体先用圆环起针的方法织入起针，再按照钩织图继续钩织。
2 配件部分先用锁针起针的方法织入 35 针，然后卷缝在护士帽的主体上。
【鞋】
1 按照钩织图钩织 2 只鞋。

完成

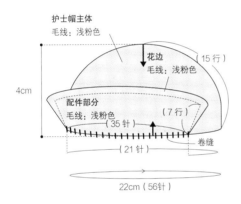

护士帽主体
毛线：浅粉色
花边
毛线：浅粉色 （15 行）
4cm
配件部分
毛线：浅粉色 （7 行）
（35 针）
卷缝
（21 针）
22cm（56针）

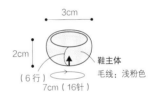

3cm
2cm
鞋主体
毛线：浅粉色
（6 行）
7cm（16针）

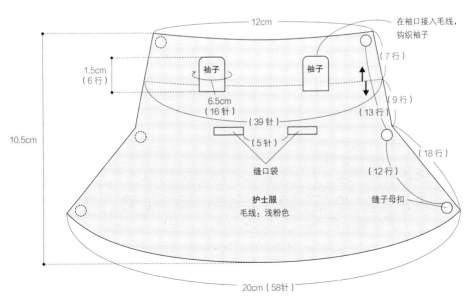

12cm
在袖口接入毛线，钩织袖子
（7 行）
1.5cm
（6 行）
袖子 袖子
6.5cm
（16 针）
（9 行）
（13 行）
（39 针）
10.5cm
（5 针）
（18 行）
缝口袋
（12 行）
护士服
毛线：浅粉色
缝子母扣
20cm（58针）

护士服主体　毛线：浅粉色

縫子母扣的位置

钩织起点

起针锁针（39针）

袖口

缝口袋的位置

（58针）

袖口

○ = 锁针
● = 引拔针

X = 短针
∨ = 短针1针分2针

▷ = 接入线
▶ = 剪断线

1→
2→
3→
4→
5→
6→
7→
8→
9→
10→
11→
12→
13→
14→
15→
16→
17→
18→
19→
20→
21→
22→
23→
24→
25→
26→
27→

34
33
32
31
30
29
28

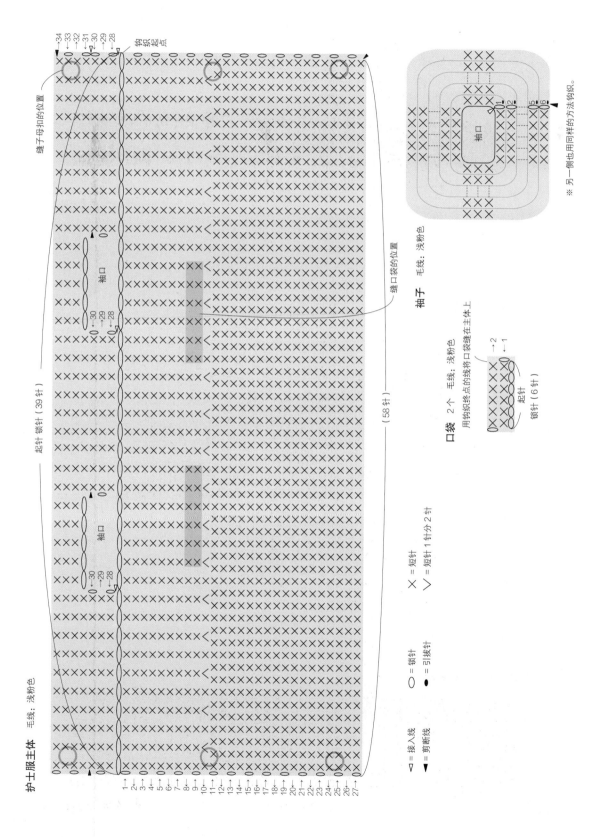

袖子　毛线：浅粉色

袖口

※另一侧也用同样的方法钩织。

口袋　2个　毛线：浅粉色
用钩织终点的线将口袋缝在主体上

起针
锁针（6针）

→2
→1

鞋
2 只　毛线：浅粉色

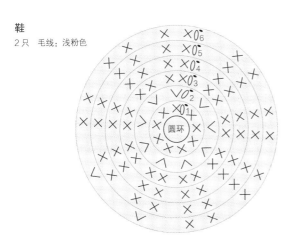

◁ = 接入线　　　● = 引拔针
◀ = 剪断线　　　✕ = 短针
◯ = 锁针　　　∨ = 短针 1 针分 2 针
　　　　　　　∧ = 短针 2 针并 1 针

护士帽主体
毛线：浅粉色

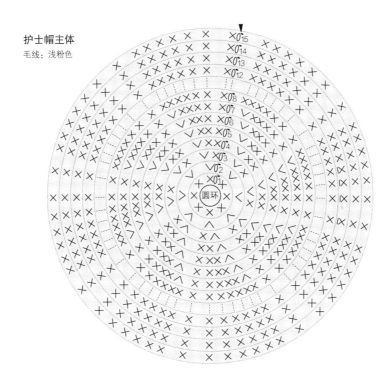

配件部分　毛线：浅粉色

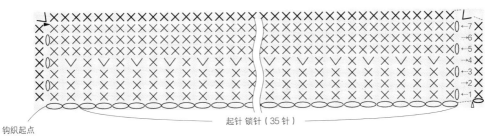

钩织起点

起针 锁针（35 针）

医生玩偶

▶▶ 照片：p31

◤ 材料
【毛线】和麻纳卡 Piccolo #1（白色）24g、#20（黑色）12g
【其他】直径 6mm 的子母扣 5 颗，直径 6mm 的纽扣（白色）2
颗，毛毡（蓝色）1 块，手缝线（白色、黑色、蓝色）
各适量

◤ 用具
钩针 4/0 号，缝纫针，手缝针

◤ 成品尺寸
【衬衫】衣长 6cm
【白大褂】衣长 10cm
【裤子】总长 12cm
【鞋】周长 7cm×高 2cm

◤ 钩织方法
【衬衫】
1 按照 p57 "慕斯亚的套装：D 毛衣主体" 的钩织图钩
织衬衫，下部钩织至第 11 行。
2 在袖口处接入白色毛线，按照 p80 "护士玩偶：袖子"
的钩织图钩织袖子。
3 参照 p76 "穿女生校服的玩偶：衣领、领带的制作方
法、衣领和领带的缝合方法"，按照钩织图钩织衣领，
然后根据领带图纸将毛毡裁剪成领带的形状，缝在
衬衫主体上。
4 缝母扣。
【裤子】
1 按照 p61 "麋鹿玩偶：裤子" 的钩织图钩织裤子。
【白大褂】
1 按照 p57 "慕斯亚的套装：D 毛衣主体、袖子" 的钩
织图钩织白大褂。白大褂主体的下部钩织至第 20 行。
2 缝纽扣和子母扣。
【鞋】
1 按照 p50 "艾米的套装：鞋" 的钩织图钩织 2 只鞋。

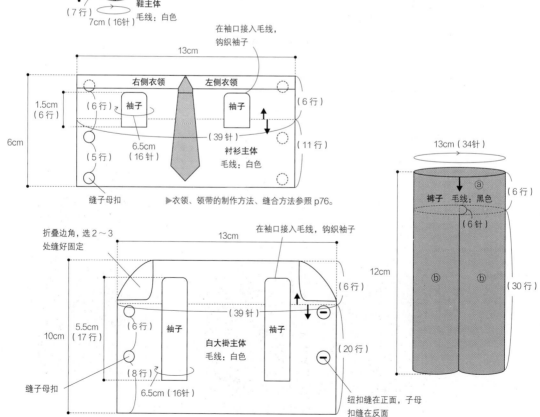

完成

3cm

2cm

鞋主体
（7 行）
毛线：白色
7cm（16 针）

在袖口接入毛线，
钩织袖子

13cm

右侧衣领　左侧衣领

1.5cm
（6 行）

6cm

（6 行）　袖子
6.5cm
（16 针）

（5 行）

缝子母扣

袖子（39 针）
衬衫主体
毛线：白色

（6 行）

（11 行）

▶衣领、领带的制作方法、缝合方法参照 p76。

折叠边角，选 2～3
处缝好固定

13cm

在袖口接入毛线，钩织袖子

5.5cm
（6 行）　袖子
10cm
（17 行）

（39 针）

白大褂主体
毛线：白色

袖子

（6 行）

缝子母扣

（8 行）

6.5cm（16 针）

（20 行）

纽扣缝在正面，子母
扣缝在反面

13cm（34 针）

裤子　毛线：黑色

ⓐ

（6 行）

（6 针）

12cm

ⓑ

ⓑ

（30 行）

婚礼玩偶

▶▶ 照片：p32，p33

新郎

▶ 材料
【毛线】和麻纳卡 Piccolo #33（灰色）26g、#1（白色）8g、#20（黑色）2g
【其他】直径 6mm 的子母扣 5 颗，直径 6mm 的纽扣（白色）2 颗，毛毡（深灰色）1 块，手缝线（灰色、白色）各适量

▶ 用具
钩针 4/0 号，缝纫针，手缝针

▶ 成品尺寸
【衬衫】衣长 6cm
【礼服】衣长 10cm
【裤子】总长 12cm
【鞋】周长 7cm × 高 2cm

▶ 钩织方法
【衬衫】
1　按照 p57"慕斯亚的套装：D 毛衣主体"的钩织图钩织衬衫，下部钩织至第 11 行。
2　在袖口处接入白色毛线，按照 p80"护士玩偶：袖子"的钩织图钩织袖子。
3　参照 p76"穿女生校服的玩偶：衣领、领带的制作方法、衣领和领带的缝合方法"，按照钩织图钩织衣领，然后根据领带图纸将毛毡裁剪成领带的形状，缝在衬衫主体上。
4　缝子母扣。

【裤子】
1　按照 p61"麋鹿玩偶：裤子"的钩织图钩织裤子。

【礼服】
1　按照 p57"慕斯亚的套装：D 毛衣主体、袖子"的钩织图钩织礼服。礼服主体的下部钩织至第 20 行。
2　缝纽扣和子母扣。

【鞋】
1　按照 p50"艾米的套装：鞋"的钩织图钩织 2 只鞋。

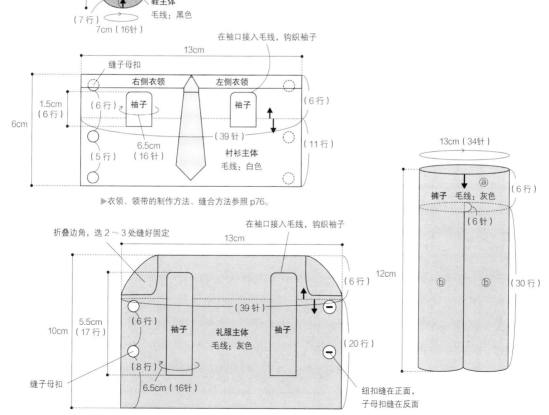

新娘

➤ 材料
【毛线】和麻纳卡 Piccolo #1（白色）12g
【其他】直径 6mm 的子母扣 4 颗，宽 3cm 的蕾丝 25cm、宽 1cm 的蕾丝 70cm、宽 5cm 的蕾丝 20cm，蕾丝花或人造花适量，手缝线（白色）适量

➤ 用具
钩针 4/0 号，缝纫针，手缝针

➤ 成品尺寸
【婚纱】衣长 15cm
【头纱】长 20cm × 宽 5cm
【鞋】周长 7cm × 高 2cm

➤ 钩织方法
【婚纱】
1 按照 p45 "基本款连衣裙：连衣裙" 的钩织图钩织下部。织入 45 行，稍微织长一些。
2 缝子母扣。
3 蕾丝缝在下摆和领口处，胸口处缝上 1 朵蕾丝花或人造花。

【头纱】
1 将 6 ～ 8 朵蕾丝花或人造花缝在长 20cm、宽 5cm 的蕾丝上。
2 弄出褶皱后放在玩偶头上。

【鞋】
1 按照 p81 "护士玩偶：鞋" 的钩织图钩织 2 只鞋。

完成

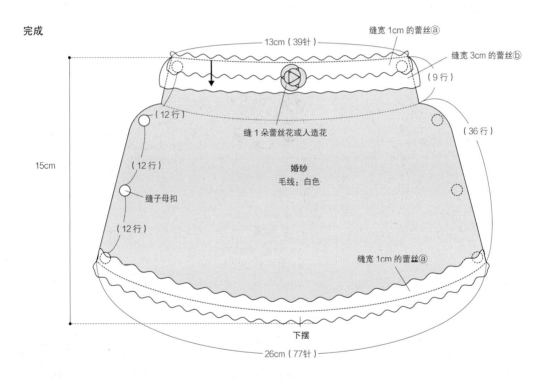

缝宽 1cm 的蕾丝ⓐ
缝宽 3cm 的蕾丝ⓑ
13cm（39针）
（9行）
（12行）
（12行）
（36行）
15cm
缝 1 朵蕾丝花或人造花
婚纱
毛线：白色
缝子母扣
（12行）
缝宽 1cm 的蕾丝ⓐ
下摆
26cm（77针）

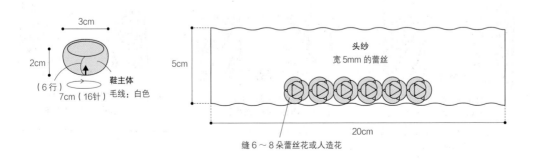

3cm
2cm
（6行）
鞋主体
7cm（16针）
毛线：白色
5cm
头纱
宽 5mm 的蕾丝
20cm
缝 6 ～ 8 朵蕾丝花或人造花

各种发型的制作

※ 除发型以外，其他部分均与 p34～41 "基本玩偶" 的制作方法、材料相同。慕斯亚参照 p43，在右眼上方绣出眉毛。

艾米　毛线：和麻纳卡 Piccolo #17（焦茶色）各 12g

Ⓐ

前面的头发：齐刘海儿
后面的头发：直发
（基本玩偶）

Ⓑ

前面的头发：齐刘海儿
后面的头发：双马尾

Ⓒ

前面的头发：齐刘海儿
后面的头发：波浪卷

Ⓓ

前面的头发：齐刘海儿
后面的头发：低双马尾

Ⓔ

前面的头发：齐刘海儿
后面的头发：直发编麻花辫

Ⓕ

Muyasu
毛线：和麻纳卡 Piccolo #21（土黄色）12g

前面的头发：偏分
后面的头发：直发

※ 后面的头发比脸的轮廓长 5mm 即可，多余的部分剪掉。

米姆　毛线：和麻纳卡 Piccolo #29（红茶色）各 12g

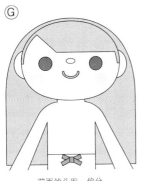

Ⓖ

前面的头发：偏分
后面的头发：直发

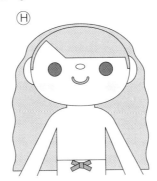

Ⓗ

前面的头发：偏分
后面的头发：波浪卷

Ⓘ

前面的头发：偏分
后面的头发：双马尾

前面头发的制作方法 ※ 制作双马尾（Ⓑ和Ⓘ）发型时，先将"后面头发的配件"缝好，然后植入前面的头发。

齐刘海儿：Ⓐ Ⓑ Ⓒ Ⓓ Ⓔ

（2行） （1行）

参照 p40～41"基本玩偶的植发方法"。

偏分：Ⓕ Ⓖ Ⓗ Ⓘ

1～2束 （1行）
中心 （2行）

参照 p40～41"基本玩偶的植发方法"。
前面的头发斜向左侧，两边留出 1～2
束头发，缝入耳朵的中心位置。

后面头发的制作方法

直发：Ⓐ Ⓓ Ⓔ Ⓖ

参照 p40～41"基本玩偶的植
发方法"植发。

直发：Ⓕ

5mm

参照 p40～41"基本玩偶的植发方法"
植发，后面的头发比脸的轮廓长 5mm
即可，多余的部分剪掉。

低双马尾：Ⓓ

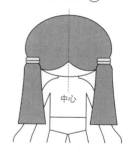

中心

按照 p40～41"基本玩偶的植发方法"
植发，将头发从中心一分为二，扎起来。

麻花辫：Ⓔ

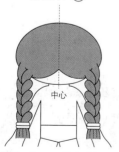

中心

按照 p40～41"基本玩偶的植
发方法"植发，将头发从中心
一分为二，编成麻花辫。

波浪卷：Ⓒ Ⓗ

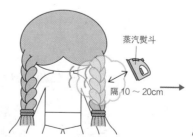

蒸汽熨斗
隔 10～20cm

编好麻花辫后用蒸汽熨斗熨烫 3～4
分钟，放置 5～6个小时，冷却。

拆开麻花辫，整理一下即可。

双马尾：Ⓑ Ⓘ

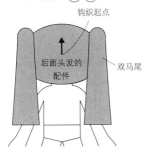

钩织起点

后面头发的
配件

双马尾

※ 先缝好"后面头发的配件"，再植入前面的头发。

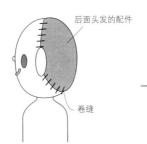

后面头发的配件

卷缝

按照钩织图钩织后面头发的配
件，卷缝在玩偶的头部。

植入前面的头发。将穿入头部的头
发从双马尾的位置穿出，形成后面
的双马尾。

后面头发的配件

用钩织终点的线将配件卷缝在头上

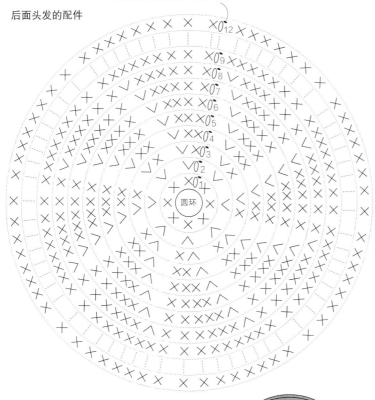

$\times 0_{12}$

$\times 0_9$

$\times 0_8$

$\times 0_7$

$\times 0_6$

$\times 0_5$

$\times 0_4$

$\vee 0_3$

$\vee 0_2$

$\times 0_1$

圆环

中心

前面的头发沿中心一分为二进行植
发，这样可以使后面头发左右两边
的发量相等。

扎起双马尾后可以按个人喜好弄成波浪卷或麻花辫！

钩针钩织的基础

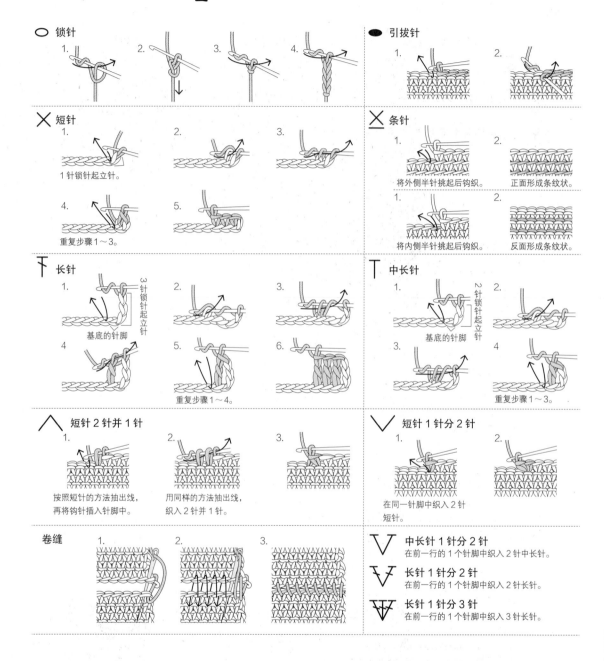

○ 锁针
1. 2. 3. 4.

● 引拔针
1. 2.

✕ 短针
1.
1针锁针起立针。
2. 3.
4.
重复步骤1~3。
5.

⊻ 条针
1.
将外侧半针挑起后钩织。
2.
正面形成条纹状。
1.
将内侧半针挑起后钩织。
2.
反面形成条纹状。

╪ 长针
1.
3针锁针起立针
基底的针脚
4
5.
重复步骤1~4。
6.

╥ 中长针
1.
2针锁针起立针
基底的针脚
2.
3.
4
重复步骤1~3。

∧ 短针2针并1针
1.
按照短针的方法抽出线，再将钩针插入针脚中。
2.
用同样的方法抽出线，织入2针并1针。
3.

∨ 短针1针分2针
1. 2.
在同一针脚中织入2针短针。

卷缝
1. 2. 3.

∨ 中长针1针分2针
在前一行的1个针脚中织入2针中长针。

∨ 长针1针分2针
在前一行的1个针脚中织入2针长针。

∨ 长针1针分3针
在前一行的1个针脚中织入3针长针。